인터넷 쇼핑몰에서 패션제품소비자 만족도의 결정요인

인터넷 쇼핑몰 만족도

인터넷 쇼핑몰에서 패션제품소비자 만족도의 결정요인

인터넷 쇼핑몰 만족도

나윤규, 서현석 공저

Determinants of Shopping Value &
Consumer Satisfaction in Internet

한국학술정보㈜

머리말

　인터넷의 사용이 급증하면서 인터넷은 매우 빠른 속도로 우리의 소비생활 전반에 영향을 미치고 있으며, 인터넷의 확산과 더불어 등장한 인터넷 쇼핑몰은 소비자들의 생활패턴과 소비방식까지 변화시키고 있다. 이러한 변화는 빠르게 진행되고 있으며 사용자층도 점차 넓어지고 있다. 또한 거래되던 제품의 종류도 몇몇 제품 중심에서 탈피하여 점차 확대되고 있어 이제 언제든지 구매하고자 하는 제품의 정보를 인터넷으로 검색하여 비교를 통한 구매가 가능하게 되었다.

　인터넷 쇼핑몰과 관련된 지금까지의 연구는 마케팅 관점에서 인터넷 쇼핑몰이 마케팅 채널로서 소비자에게 제공할 수 있는 편리성, 경제성과 같은 효용관점에 집중되어 왔다. 그러나 최근 연구에서는 온라인 쇼핑몰 사용자들이 효용적 가치뿐만 아니라 쾌락적 가치도 쇼핑활동에 중요한 요인으로 생각하는 것으로 나타났다. 또한 개인용 컴퓨터나 인터넷과 같은 정보기술의 수용에 있어서도 내재적 동기 즉, 쾌락적 가치가 사용자의 기술수용을 설명하는데 있어 중요한 지각 변수로 연구되어 왔다. 기업이 전략적인 목적으로 많은 돈을 들여 인터넷 쇼핑몰과 같은 시스템을 개발하거나 구현할지라도 사용자들이 이용하지 않는다면 시스템 그 자체만으로는 기업에게 아무런 가치도 제공해 주지 못한다. 이렇듯 인터넷 쇼핑시장이 지속적인 성장을 유지하기 위해서는 인터넷 쇼핑몰에 대한 사용자들의 수용이 무엇보다 중요하다.

인터넷을 통한 쇼핑몰은 그 운영 형태가 다양하며 변화의 속도가 빨라 성공 요인이 무엇인지 판단하기 어렵다. 선행연구들의 의하면 전자상거래 성공요인에 대한 제시가 있지만 이들의 특성은 각 분야에서의 중요한 요인을 제시하는데 그치고 있다.

특히 패션기업의 인터넷마케팅 수행에는 쇼핑몰에서의 패션제품의 구매행동을 예측하고 분석하는 일이 기본이 된다고 할 수 있다. 또한, 인터넷 쇼핑몰의 효과적인 패션제품 머천다이징 전략을 수립하기 위해서는 이러한 인터넷 사용자들을 대상으로 하는 실증연구와 구매행동에 대한 체계적인 이해가 절실히 요구된다. 그러나 인터넷을 통한 패션제품에 대한 마케팅 전략은 아직 초기단계에 있어, 이에 대한 체계적인 예측수단이나 이론적 설명체계를 갖추지 못한 실정이며, 패션 소비자 대상의 실증적 연구도 매우 미흡한 실정이다. 의류학이나 마케팅 분야의 연구들의 성공적 사례연구, 인터넷을 통한 패션제품의 구매행동에 관한 연구 등이 있지만 아직 체계적인 이론적 틀을 제시하지 못하고 있거나, 실무에 적용하기에는 다소 어려움을 가지고 있다.

따라서 전자상거래를 위한 시장이 형성되는 현 시점에서 맞추어 볼 때, 전자상거래 공간에서의 일반적인 인터넷 쇼핑몰의 소비자 만족도에 대한 연구에서 더 나아가 쇼핑몰, 제품, 가격, 소비자와 관련된 어떠한 결정요인이 쇼핑가치와 소비자 만족도에 관련되어 있는지를 분석해 볼 필요가 있다.

현재 인터넷을 통한 잠재적 소비자가 급증함에 따라 보다 많은 소비자에게 제품을 인식시키기 위한 인터넷 고유의 특성을 고려함이 없이 기존의 마케팅 전략을 그대로 적용한다면 전략적 효과를 거두기 힘들 것이다. 따라서 인터넷 쇼핑몰의 성공적 수행을 위해서는 인터넷상에서의 소비자의 특성을 이해하고 이에 맞는 전략을 수립할 필요가 있다.

인터넷 마케팅 시스템이 당면하고 있는 새로운 상황들은 전략 수립과정에서 변화가 요구되며, 시장 세분화 과정에 있어 추가되는 변수와 아울러 인구통계학적 분류보다는 인터넷상에서 유통되는 제품군들에 대한 구매 행동 분류가 더 요구된다고 할 수 있다. 따라서 본 저서의 연구 목적은 웹을 기반으로 한 기업과 개인의 상거래가 이루어지는 인터넷 쇼핑몰에서 취급제품도 다양해지고 지속적으로 늘어나고 있는 패션제품의 경우 어떠한 요인들이 쇼핑가치, 소비자 만족도에 영향을 미치는 가를 파악하고 발굴하는 것이다. 이러한 요인들을 탐색적으로 모색함으로서 국내 인터넷 쇼핑몰의 경쟁력 강화와 수익성 증대를 도모하는 지침을 제공하고자 한다.

－저자일동

목 차

<table>
<tr><td>제 1 장</td><td>서 론</td></tr>
</table>

제1절 연구의 배경 및 목적

1. 연구의 배경

오늘날 정보통신기술의 급속한 발달은 정보혁명이라는 용어를 탄생시킬 정도로 우리의 생활을 급속하게 변화시키고 있다. 이러한 변화 가운데서도 가장 두드러지게 나타나는 현상은 온라인 및 인터넷의 급격한 성장이다. 특히, 인터넷의 사용이 급증하면서 인터넷은 매우 빠른 속도로 우리의 소비생활 전반에 영향을 미치고 있으며, 인터넷의 확산과 더불어 등장한 인터넷 쇼핑몰은 소비자들의 생활패턴과 소비방식까지 변화시키고 있다. 이러한 변화는 빠르게 진행되고 있으며 사용자 층도 점차 넓어지고 있다. 또한 거래되던 제품의 종류도 몇몇 제품 중심에서 탈피하여 점차 확대되고 있어 이제 언제든지 구매하고자 하는 제품의 정보를 인터넷으로 검색하여 비교를 통한 구매가 가능하게 되었다.

이러한 변화는 최근 들어 나타난 인터넷 쇼핑시장의 급성장에 관한 지표를 통해서도 확인할 수 있다. 국내의 경우 2005년 8월 현재 사이버 쇼핑몰 사업체의 수는 4,051개 이며 사이버 쇼핑몰을 통한 거래액은 8조831 억원으로 전년(사업체수 3,437개, 6조024억원)에 비해 14.65 %(2조 807억 원) 증가한 것으로 나타났다. [통계청, 2005.10]

  인터넷 쇼핑몰과 관련된 지금까지의 연구는 마케팅 관점에서 인터넷 쇼핑몰이 마케팅 채널로서 소비자에게 제공할 수 있는 편리성, 경제성과 같은 효용관점에 집중되어 왔다. 그러나 최근 연구에서는 온라인 쇼핑몰 사용자들이 효용적 가치뿐만 아니라 쾌락적 가치도 쇼핑활동에 중요한 요인으로 생각하는 것으로 나타났다. [Cjilders et al., 2001]또한 개인용 컴퓨터나 인터넷과 같은 정보기술의 수용에 있어서도 내재적 동기 즉, 쾌락적 가치가 사용자의 기술수용을 설명하는데 있어 중요한 지각 변수로 연구되어 왔다. [Igbaria et al., 1996; Teo et al., 1999]기업이 전략적인 목적으로 많은 돈을 들여 인터넷 쇼핑몰과 같은 시스템을 개발하거나 구현할지라도 사용자들이 이용하지 않는다면 시스템 그 자체만으로는 기업에게 아무런 가치도 제공해 주지 못한다. 이렇듯 인터넷 쇼핑시장이 지속적인 성장을 유지하기 위해서는 인터넷 쇼핑몰에 대한 사용자들의 수용이 무엇보다 중요하다.

  인터넷을 통한 쇼핑몰은 그 운영 형태가 다양하며 변화의 속도가 빨라 성공 요인이 무엇인지 판단하기 어렵다. 선행연구들의 의하면 전자상거래 성공요인에 대한 제시가 있지만 이들의 특성은 각 분야에서의 중요한 요인을 제시하는데 그치고 있다.

  특히 패션기업의 인터넷마케팅 수행에는 쇼핑몰에서의 패션제품의 구매행동을 예측하고 분석하는 일이 기본이 된다고 할 수 있다. 또한, 인터넷 쇼핑몰의 효과적인 패션제품 머천다이징 전략을 수립하기 위해서는 이러한 인터넷 사용자들을 대상으로 하는 실증연구와 구매행동에 대한 체계적인 이해가 절실히 요구된다. 그러나 인터넷을 통한 패션제품에 대한 마케팅 전략은 아직 초기단계에 있어, 이에 대한 체계적인 예측수단이나 이론적 설명체계를 갖추지 못한 실정이며, 패션 소비자 대상의 실증적 연구도 매우 미흡한 실정이다. 의류학이나 마케팅 분야의 연구들의 성공적 사례연구 [이정미, 1999; 은소원, 1999], 인터넷을 통한 패션제품의 구매행동에 관한 연구 [안민영 & 박재욱, 1999; Eunah Yoh, 1999]등이 있지만 아직 체계적인 이론적 틀을 제시하지 못하고 있거나, 실무에 적용하기에는 다소 어려움을 가지고 있다.

따라서 지금까지의 일반적인 인터넷 쇼핑몰대한 연구들을 살펴볼 때, 인터넷 쇼핑몰 사이트의 특성, 패션제품의 속성, 그리고 패션제품을 구입하는 소비자의 쇼핑성향과 쇼핑 가치를 연관하여 소비자 만족도를 분석한 연구는 거의 없다. 전자상거래를 위한 시장이 형성되는 현 시점에서 맞추어 볼 때, 전자상거래 공간에서의 일반적인 인터넷 쇼핑몰의 소비자 만족도에 대한 연구에서 더 나아가 쇼핑몰, 제품, 소비자와 관련된 어떠한 결정요인이 쇼핑가치와 소비자 만족도에 관련되어 있는지를 분석해 볼 필요가 있다.

2. 연구의 목적

본 논문의 연구대상으로서 국내 인터넷 쇼핑몰을 선정한 이유는 인터넷 산업 중에서도 가장 괄목할 만한 성장을 하고 있는 분야이기 때문이다. [동아일보 2004. 12. 29 예로서 마켓플레이스를 제공하는 인터넷 쇼핑몰인 옥션은 2004년 거래규모로 1조 500억 원 이상의 실적을 예산하는데 이를 롯데백화점이 창립 15년 만에 달성한 금액이다. 옥션은 창립 6년 만에 이를 이루었다.]

현재 인터넷을 통한 잠재적 소비자가 급증함에 따라 보다 많은 소비자에게 제품을 인식시키기 위한 인터넷 고유의 특성을 고려함이 없이 기존의 마케팅 전략을 그대로 적용한다면 전략적 효과를 거두기 힘들 것이다. 따라서 인터넷 쇼핑몰의 성공적 수행을 위해서는 인터넷상에서의 소비자의 특성을 이해하고 이에 맞는 전략을 수립할 필요가 있다.

인터넷 마케팅 시스템이 당면하고 있는 새로운 상황들은 전략 수립과정에서 변화가 요구되며, 시장 세분화 과정에 있어 추가되는 변수와 아울러 인구통계학적 분류보다는 인터넷상에서 유통되는 제품군들에 대한 구매 행동 분류가 더 요구된다고 할 수 있다. 따라서 본 논문의 주요 연구 목적은 웹을 기반으로 한 기업과 개인의 상거래가 이루어지는 인터넷 쇼핑몰에서 취급제품도 다양해지고 지속적으로 늘어나고 있는 패션제품의 경우 어떠한 요인들이 쇼핑가치, 소비자 만족도에 영향을 미치는 가를 파악하고 발굴하는 것이다. 이러한 요인들을 탐색적으로 모색함으로서 국내 인터넷 쇼핑몰의 경쟁력 강화와 수익성 증대를 도모하는 지침을 제공하고자 한다.

연구 목적을 달성하기 위해서 다음과 같은 구체적인 연구 과제를 설정한다.

첫째, 인터넷 쇼핑몰 사이트 특성, 패션제품의 속성, 그리고 인터넷 쇼핑몰에서 패션제품을 실제로 구매한 소비자들의 개인적 쇼핑성향을 조사한다.
둘째, 어떠한 특성요인들이 인터넷 쇼핑과정에서 일어나는 쾌락적 쇼핑가치 또는 실용적 쇼핑가치에 영향을 주는가를 알아본다.
셋째, 쾌락적 쇼핑가치, 실용적 쇼핑가치와 패션제품의 속성들이 최종적으로 소비자 만족도를 향상시키는 가를 구체적으로 파악하고자 한다.

제2절 연구의 방법과 구성

1. 연구의 방법

본 연구는 인터넷을 매개체로 하는 가상시장(Internet market)에서 일어나는 마케팅을 대상으로 하기 때문에 인터넷 관련 기본지식이 다소 요구되기도 한다. 그러나 본 연구의 특성상 인터넷의 시스템적 측면이나 기술적인 측면에서의 고찰은 생략한다. 인터넷 쇼핑몰의 만족도를 측정하기 위해 인터넷 쇼핑몰 사이트의 특성, 패션 제품의 속성, 이용자의 개인적 성향을 기준으로 인터넷 쇼핑의 쾌락적 쇼핑가치와 실용적 쇼핑가치를 통해 소비자 만족도에 미치는 영향을 규명하기 위해 쇼핑몰 이용자를 대상으로 설문조사를 실시하고 변수별 영향관계를 분석하였다.

기존 연구들은 검토한 다음, 여기서 밝혀진 이론을 바탕으로 이론적 추론을 하였다. 그 다음 도출된 가설들을 서베이 벙법(survey method)에 의한 실증조사를 통하여 검증함으로써 결론을 유도하는 방법을 이용하였다.

2. 연구의 구성

본 연구는 모두 5개장으로 이루어진다.

제1장 서론에서는 본 연구의 배경 및 목적을 밝히고 연구의 방법 및 구성을 제시하였다.

제2장 이론적 연구에서는 본 연구와 관련된 기존 연구를 정리 하였다.

1절에서는 인터넷 쇼핑몰에 대한 고찰, 2절에서는 패션제품의 속성에 대한 고찰, 3절에서는 인터넷 쇼핑을 이용하는 개인적 쇼핑성향에 대한 고찰, 4절에서는 쇼핑가치에 대한 고찰, 5절에서는 소비자 만족에 대한 고찰에 관한 이론을 정리하였다.

제3장 연구가설 및 연구설계 에서는 정리된 이론을 근거로 각각의 특성과 쇼핑가치, 소비자 만족과의 관계규명을 위한 실증분석을 위해 연구모형을 설정하고, 가설설정 및 변수를 정의하고 인터넷 쇼핑몰 소비자들을 대상으로 한 설문서 작성기준을 개발하였다.

제4장 실증분석 및 결과에서는 설문조사를 통한 자료에 근거하여 변수 상호간의관계를 회귀분석을 통해 가설에 대한 검정을 실시하였다.

제5장 연구의 결론 및 시사점에서는 연구결과의 요약, 전략적 시사점, 본 연구의 한계와 미래의 연구방향을 제시하였다.

제 2 장	이론적 연구

본 장에서는 인터넷 쇼핑몰의 정의, 인터넷 쇼핑몰의 특성, 인터 넷 쇼핑몰의 현황 등의 관련된 문헌을 살펴본 다음, 인터넷 쇼핑몰 사이트 속성, 패션제품의 속성, 인터넷 쇼핑몰 이용자의 개인적 쇼핑 성향, 쇼핑 가치, 소비자 만족도에 대한 기존 연구를 검토하여 고찰 된 이론들을 바탕으로 인터넷 쇼핑몰을 이용하는 소비자의 만족도에 대한 이론적 방향을 제시한다.

제1절 인터넷 쇼핑몰에 대한 고찰

1. 인터넷 쇼핑몰의 정의

인터넷 쇼핑에 대한 개념은 크게 전자상거래(Electronic Commerce)의 관점과 온라인 소매업의(Online Retailing)의 관점에서 정의 되어 왔다. 우선 전자상거래(Electronic Commerce)의 관점에서는 전자상거래를 좁게 정의한 것에서 인터넷 쇼핑몰의 정의를 찾을 수 있다. 이런 의미에서의 전자상거래는 "웹상에서 제품이나 서비스를 판매하거나 사는 사업이라고 할 수 있다." [UT at Austin]또한 OECD(1997)에서는 전자상거래를 "개인과 조직 모두를 포함하는 텍스트, 음성, 화상 등을 포함한 디지털 데이터의 처리와 전송에 기초에 상업 활동과 관련된 모든 종류의 거래"라고 정의하고 있다.

다음으로 온라인 소매업의(Online Retailing)의 관점에서는 인터넷 기술로 인해 생겨난 새로운 유통채널(Retail Channel)로서 인터넷 쇼핑몰을 정의 하였다. [Hargel, 1997]전통적으로 채널(channel)이란 원천(source)으로부터 최종소비자까지의 제품 흐름을 의미한다. 이러한 정의에서 채널은 생산자와 공급자가 도매상이나 최종 소매상을 통하여 소비자에게 제품을 제공하는 시스템을 의미한다. [Davies, 1993]

이러한 온라인 소매업의 특징으로는 구매자와 판매자의 상호작용이 온라인상에서 광범위하게 일어난다는 것과 판매자가 제공하는 서비스가 오프라인 소매업에 비해 훨씬 다양하다는 것, 그리고 가치사슬(Value Chain)상의 다양한 업체들이 네트워크로 복잡하게 얽혀있다는 것 등 네 가지 특징을 가지고 있다. [Rao, 1999]

또 다른 관점으로 Hoffman and Novak(1996)은 "인터넷 쇼핑몰을 다양한 영역의 제품들을 포함한 온라인 상점(storefronts)들의 집합"이라고 정의 하였다. 또한 Daniel S. Janal(2000)은 "인터넷 쇼핑몰이란 소비자가 접속하는 공통 인터넷 주소에 존재하는 모든 사업체의 집합"이라고 하였다.

한국전산원(1998)의 연구에서는 "소비자가 자신의 장소(사무실, 집, 기타)에서 인터넷을 통하여 시장 내의 다른 모든 참가자와 의사소통(communication)하여 시장거래(market transaction)를 통하여 구매 또는 거래를 하거나 그러한 구매 및 거래를 완료하도록 하는 정보시스템"으로 정의 하였다. 인터파크(1997)에서는 인터넷 쇼핑몰을 "통신

네트워크에 연결되어 있는 컴퓨터상의 제품정보를 올려놓고 이 컴퓨터에 접속하는 이용자가 제품을 선택한 후, 온라인상에서 결제하면 이용자가 원하는 장소로 제품을 배송해 주는 새로운 제품의 판매형태"로 정의하였다. 그리고 공정거래위원회의 전자거래 소비자보호지침(2000)에서는 인터넷 쇼핑몰을 사이버 몰이라는 용어를 사용하여 "컴퓨터등과 정보 통신설비를 이용하여 재화 등을 거래할 수 있도록 설정된 가상의 영업장"으로 정의하였다.

이렇게 인터넷 쇼핑몰을 보는 관점이 다양하여 각각 다르게 정의하고 있으나 각각의 공통점을 보면 다음과 같다. "인터넷 쇼핑몰이란 가상의 공간에서 온라인을 매개로 거래를 하는 것"이라는 정의가 가능하다.

2. 인터넷 쇼핑몰의 특징

아직 인터넷 쇼핑몰 시장이 초기인 이유로 인해 인터넷 쇼핑몰 특성에 대한 결정요인에 관한 연구는 거의 없는 실정이다.

인터넷 쇼핑몰이 기존의 거래와 어떻게 다른 특성을 가지고 있는지에 대한 인터넷 쇼핑몰의 기존연구들 [Bloch, Michal, Pingeur, & Segev, 1996; Benjamin & Wigand, 1995; Barun, Butler, & Steinfield, 1995; NIST iiTA Task Group, 1994]을 살펴보면 다음과 같이 요약할 수 있다.

첫째, 시간과 공간을 초월하는 상거래 수단을 제공하는데 Benjamin and Wigand는 사이버 시스템에서는 모든 구매자와 판매자가 지리적·시간적 제약에 구애됨이 없이 상호 접속되어 구매자와 판매자이 직접 연결이 가능해신다고 주장하였다.

둘째, 온라인 시장에서는 전통적인 유통경로와는 달리 시장접근에 패쇄적이지 않으며 모든 구매자는 필요한 정보를 자유로이 검색할 수 있고 마케터도 용이하게 시장 조사를 실시할 수 있다. [Benjamin & Wigand, 1995]

셋째, 인터넷 쇼핑몰은 기업과 고객에게 저렴한 비용의 효익을 제공한다. Benjamin and Wigand, 및 Schmin는 인터넷 시장은 고성능 컴퓨터 시스템에 의해 저렴한 가격계산이 가능하여 낮은 원가의 거래조정이 촉진 될 것이라고 주장하였다.

넷째, 인터넷 쇼핑몰은 상호 작용성이 우수하여 데이터베이스의 구축에도 용이하다. Bloch, Pigneur, and Segev는 전자적 시장은 상호 작용성을 지원해 기업이 고객행동에 동태적으로 적응할 수 있게 한다고 했다. 또한 Benjamin and Wigand는 소비자와 온라인 마케팅 시스템간의 인터페이스는 자유로운 시장선택을 직관적으로 하게 하는 상호 작용 능력을 제공한다고 하였다.

3. 인터넷 쇼핑몰의 현황

국내의 경우 2005년 8월 현재 사이버 쇼핑몰 사업체의 수는 4,051개 이며 사이버 쇼핑몰을 통한 거래액은 8조831 억원으로 전년(사업체수 3,437개, 6조024억원)에 비해 14.65 %(2조 807억 원) 증가한 것으로 나타났다. [통계청, 2005.10]이러한 변화는 최근 들어 나타난 인터넷 쇼핑시장의 급성장에 관한 지표를 통해서도 확인 할 수 있다.

2001년 상반기 기준으로 우리나라 소매거래에서 인터넷 쇼핑몰이 차지하는 비중은 1.7%이다. 이것은 같은 해, 미국의 1%나 일본의 0.3%에 비해 월등히 높은 수치다. 또한 일본의 경우 연간 매출액이 1백억원 이상인 인터넷 쇼핑몰이 지극히 소수인 반면 한국은 1천억

원 대에 달하는 쇼핑몰까지 등장 하였다. 인터넷 쇼핑몰에 관한한 한국은 이미 선진국 수준을 넘어섰다. [김신곤, 2002]

국내 인터넷 쇼핑몰은 도입 초기인 1996년 6월에는 인터파크와 롯데백화점 인터넷 쇼핑몰 등 한두 개에 불과했으나 2005년도 8월 기준으로 4,051개로 집계되고 있다. 인터넷 쇼핑몰이 이와 같이 급증한 이유는 종합 쇼핑몰보다 전문 쇼핑몰이 더 많이 개설되고 있기 때문이다.

국내 인터넷 사업시장은 2005년까지 연 200%이상 초고속 성장을 할 것으로 예상되고 있다. 그 중에서 인터넷 쇼핑몰은 기존의 전통적인 유통산업의 틀을 뒤흔들어 놓을 만큼 빠르게 발전하고 있다.

그 외 통계청의 2005년 각 종 자류들을 보면 다음과 같다.

〈표 2-1〉 거래주체별 전자상거래 규모

(단위: 십억원, %)

구 분	2004년 2/4분기	2005년 1/4분기	2005년 2/4분기	구성비	전분기 차	전분기 증감률	전년동분기 차	전년동분기 증감률
○전자상거래 총규모	77,661	81,732	89,399	100.0	7,667	9.4	11,738	15.1
-기업간(B2B)	67,651	73,604	79,136	88.5	5,533	7.5	11,485	17.0
-기업·정부간 (B2G)	8,279	5,840	7,898	8.8	2,058	35.2	-381	-4.6
-기업·소비자간 (B2C)	1,540	1,909	1,867	2.1	-42	-2.2	327	21.2
-기 타	191	379	498	0.6	119	31.3	307	160.8

〈표 2-2〉 전자상거래 통계조사별 거래액 규모

(단위: 십억원)

조사별	기업체 조사	기업·정부간조사	사이버쇼핑몰조사		
거래주체별	B2B	B2G	B2C	B2B	기 타
거래액	79,026	7,898	1,867	111	498

〈표 2-3〉 운영형태별 사이버쇼핑몰 총 거래액

(단위: 십억원, %)

구 분	2004년 2/4분기	2005년 1/4분기	2005년 2/4분기	구성비	전분기 차	전분기 증감률	전년동분기 차	전년동분기 증감률
○ 합 계	1,830.6	2,394.7	2,474.9	100.0	80.3	3.4	644.4	35.2
- 종합몰	1,332.5	1,628.6	1,705.2	68.9	76.6	4.7	372.6	28.0
- 전문몰	498.0	766.1	769.8	31.1	3.7	0.5	271.7	54.6
- online	927.0	1,241.5	1,366.5	55.2	125.0	10.1	439.5	47.4
- on / offline병행	903.5	1,153.2	1,108.4	44.8	-44.8	-3.9	204.9	22.7

주요 제품군별 거래액을 살펴보면 2005년 2/4분기 제품군별 거래액 구성비를 보면 가전·전자·통신기기 17.2%, 의류·패션 및 관련제품 14.5%, 여행 및 예약서비스 14.3%, 생활용품·자동차용품 10.0%, 컴퓨터 및 주변 기기 9.8% 등의 순으로 나타났다.

〈표 2-4〉 주요 제품군별 거래액

(단위: 십억원, %)

구 분	2004년 2/4분기	2005년 1/4분기	2005년 2/4분기	구성비	전분기 차	전분기 증감률	전년동분기 차	전년동분기 증감률
합 계	1,830.6	742,394.7	2,474.9	100.0	80.3	3.4	644.4	35.2
① 컴퓨터 및 주변기기	211.3	245.2	241.4	9.8	-3.8	-1.5	30.1	14.3
② S / W(게임S / W)	17.5	21.7	24.4	1.0	2.6	12.2	6.9	39.6
③ 가전/전자/통신기기	341.9	421.5	426.2	17.2	4.7	1.1	84.4	24.7

구 분	2004년 2/4분기	2005년 1/4분기	2005년 2/4분기	구성비	전분기 차	전분기 증감률	전년동분기 차	전년동분기 증감률
④ 서 적	84.6	123.5	108.1	4.4	-15.4	-12.4	23.5	27.8
⑤ 음반 / 비디오 / 악기	25.2	23.4	22.4	0.9	-0.9	-4.0	-2.7	-10.9
⑥ 여행 및 예약서비스	163.9	366.5	353.0	14.3	-13.5	-3.7	189.1	115.3
⑦ 아동 / 유아 / 완구	63.7	85.7	92.5	3.7	6.8	8.0	28.8	45.2
⑧ 식음료	83.1	124.9	121.0	4.9	-3.9	-3.1	37.9	45.6
⑨ 꽃	10.7	9.6	10.2	0.4	0.6	6.0	-0.6	-5.3
⑩ 스포츠 / 레저용품	79.6	89.3	100.3	4.1	11.0	12.3	20.8	26.1
⑪ 생활용품 / 자동차 용품	190.4	233.8	248.4	10.0	14.6	6.3	58.0	30.4
⑫ 의류 / 패션 및 관련제품	229.0	295.7	358.3	14.5	62.6	21.2	129.4	56.5
⑬ 화장품 / 향수	128.9	145.5	144.7	5.8	-0.8	-0.5	15.8	12.3
⑭ 사무 / 문구	16.4	25.0	25.2	1.0	0.2	0.6	8.8	53.7
⑮ 농수산물	56.7	64.6	54.8	2.2	-9.8	-15.1	-1.9	-3.3
⑯ 각종 서비스	37.9	32.3	27.1	1.1	-5.2	-16.0	-10.8	-28.4
⑰ 기 타	89.8	86.4	116.7	4.7	30.3	35.1	26.9	30.0

4. 인터넷 쇼핑몰 사이트 속성

인터넷 쇼핑몰을 이용하여 제품 / 서비스를 구매하는 소비자들이 늘어나고 있는 현 시점에서 인터넷 쇼핑몰에 대한 연구는 계속 요구되고 있다. 인터넷 쇼핑몰과 관련된 기존의 연구를 정리하면 다음과 같이 요약하여 정리 할 수 있다.

인터넷 쇼핑몰에 대해 고객은 그 규모에 따라 위험을 인지하는 것이 달라 질 수 있다는 것이다. Koufaris(2002)는 온라인 쇼핑몰은 정보기술을 활용하여 물리적인 싱짐이 인터넷이란 네트워크상에 가상 상점의 형태로 변화한 것이며, 웹 사이트가 상점 그 자체라는 특징을 가진다고 하였다. 즉, 전통적인 상거래와 달리 인터넷 쇼핑몰에서는 그 대상이 다르다. 그 이유는 인터넷 쇼핑몰에서의 소비자는 어떤 판매자와도 직접 접촉하지 않고, 비인격적인 전자 쇼핑몰에 의존 [Culnan & Armstrong, 1998]하기 때문이다. 즉, 인터넷 쇼핑몰에서는 대체로 판매자가 판매나 구매과정에 관여할 수 없기 때문에 소비자 신뢰성에 대한 주요 표적은 판매자가 아닌 쇼핑몰 조직 자체가 된다 [Chow & Holden, 1997]고 할 수 있다. 따라서 소비자인 고객이 신뢰하며 거래할 수 있는 인터넷 쇼핑몰 사이트가 요구된다고 볼 수 있다.

(1) 규 모

고객이 신뢰할 수 있는 요인으로는 우선 규모를 들 수 있다. 이는 전통적인 마케팅 경로에서 신뢰하는 사람인 구매자는 규모에 의해서 신뢰받는 사람인 판매자의 신뢰성을 평가한다. [Doney & Cannon, 1997]즉, 기업의 규모가 크다는 것은 다른 구매자들이 기업을 신뢰하고, 사업이 성공적으로 이루어지고 있다는 것을 의미한다. 다른 사람들의 이러한 경험은 그 기업이 약속을 지킬 것이라고 믿을 수 있는 이유가 되는 것이다. [Doney & Cannon, 1997]

또한 규모가 크다는 것은 기업이 고객지원과 기술적 서비스와 같은 지원시스템의 필수적인 전문가와 자원을 갖추고 있을 것이라는 믿음을 준다. 이러한 시스템의 존재가 신뢰를 향상시키는 것이다. [Chow & Holden, 1997]그리고 규모가 크다는 것은 판매자가 제품 실패의 위험을 떠안을 수 있으며, 그에 따라 구매자에게 보상해줄 수 있을 것이라는 의미로 이해될 수 있다. 나아가 규모가 큰 판매자는 자신의 공급자를 통제할 수 있게 되고, 이는 다시 제품이나 서비스의 신뢰성을 증가시켜 주게 되는 것이다. [Jarvenpaa, Tractinsky, & Vitale 2000]이는 규모가 큰 판매자들은 자신의 사업에 투자할 자원이 많을 것이므로, 이들의 신뢰성 상실로 인한 손해는 규모가 작은 기업에 비해 더 클 것이라고 고객들은 판단할 것이다.

(2) 평 판

쇼핑몰 사이트에 대한 지각요소는 인지도와 평가가 있다. 따라서 규모와 함께 명성(Reputation)도 '쇼핑몰의 명성에 대한 소비자의 지각'으로 규정한다. 여기서 '명성'이란 '구매자가 판매조직이 정직하고, 자신의 고객에 대한 관심을 가질 것으로 믿는 정도'로 정의된다. [Doney & Cannon, 1997]또한 명성이 좋다는 것은 편의주의에서 벗어나 있다는 의미이기도 하고 [Smith & Barclay, 1997], 명성이 좋은 기업은 기회주의적으로 행동함으로써 명성이라는 자산을 잃으려 하지 않을 것으로 인식한다. [Chiles & Mcmackin, 1996]또한 비슷한 개념으로 지각된 평판이 인터넷 상점에서의 고객신뢰에 매우 유의한 영향을 미치는 요인임을 밝힌 [Jarvenpaa et al., 2000]연구도 있다.

인터넷 구매자의 지각에 관한 연구를 보면 Jarvenpaa and Tractinsky (1999)의 연구에서는 인터넷 쇼핑몰 사이트의 지각된 평판과 지각된 크기가 소비자의 신뢰도에 유의적인 영향을 끼쳤고, 쇼핑몰의 신뢰도는 구매자의 구매태도(Attitude)를 통해 소비자의 구매의도(Willing to Buy)에 유의적인 영향을 주는 것으로 나타났다. 조직의 규모가 크면 클수록 소비자들은 상점에 대한 보다 좋은 명성을 더 많이 관련시켜 생각하게 된다. [Jarvenpaa et al. 2000]

이 요인들은 여러 연구 [Anderson & Weitz, 1989; Ganesan, 1994] 에서 제안된 것으로 지각된 평판(perceived reputation)과 지각된 크기 (perceived size)는 판매지의 능력(Ability), 성실성(Intergrity), 선의

(Goodwill)에 대한 보장(Assurance)을 제공하므로 대상자간의 상호작용이 없거나 직접적인 경험이 없는 상황에서 신뢰도를 증가하는 데 도움을 준다. [Mcknight et al., 1988]따라서 지각된 규모와 평판은 인터넷 쇼핑몰 사이트의 특성으로 분류될 수 있을 것이다.

(3) 보안통제

지각된 보안통제는 전자상거래에서 사용자의 신뢰형성에 영향을 미치는 중요한 특징이다. 거래의 정확성, 시스템 보안은 인터넷 쇼핑몰 이용 시 고객이 중요하게 지각하는 주요 요인이며 [Keeney, 1999], 소비자들이 웹상에서 제품을 구매하지 않는 이유에 대한 분석에서도 보안에 대한 불신과 프라이버시가 가장 중요한 요인임을 밝혔다. [Hoffman & Novak, 1999]인터넷 쇼핑이 시간적, 공간적으로 자유롭다고 생각하지만 쇼핑과정에서 발생할 수 있는 신용카드 도용이나 개인정보유출에 대해서는 다소 불안해하며, 이런 불안은 구매경험이 많을수록 줄어드는 것으로 나타났다. [성영신 & 강정식, 2000]

그러므로 해킹 등에 의해 회원의 개인정보가 유출되는 것을 막기 위한 노력을 하고 있고 암호화와 강력한 서버인증을 기반으로 고객 정보에 대한 철저한 보안서비스를 실시한다면 [Hewett & Bearden, 2001]사용자들은 안심하고 쇼핑몰 사이트를 이용하게 될 것이다.

(4) 서비스 기술

인터넷 쇼핑몰에서 지원하는 서비스 기술에 대한 것도 인식되어야 한다. 사회네트워크이론(Social Network Theory)에 의하면 의사소통의 비공식적 채널(Word of Mouth: WOM)은 제공하는 서비스가 복잡하고 평가하기가 어려울 경우 시장의 정보를 확산 시키는 주된 도구가 된다고 알려져 있다. [Granovetter, 1973]서비스의 질은 직접적 경험이 없이는 평가하기가 어렵기 때문에 소비자의 불확실한 지각은 구전으로 인해 수집된 정보에 영향을 받을 수 있다. [Kim & Prabhakar, 2000]유일, 나광윤, 그리고 최혁락(1999)은 Parasuraman, Zeithaml, and Berry(1998) 의 서비스 품질 모형에 기초하여 유형성(Tangibles), 신뢰성(Reliability), 응답성(Responsiveness), 확신성(Assurance), 공감성(Empathy)의 5가지 범주로 지각된 서비스 품질을 측정하였다. [이유재, 1999]

또한 쇼핑몰 사이트 접속, 트래픽 및 네비게이션 등의 특성들은 기본적으로 인터넷 쇼핑을 하고자 하는 소비자들에게 영향을 줄 것 이다. [김상현 & 오상현, 2000]서비스 기술은 온라인상에서 고객에 게 최적의 경험을 제공하기 위한 사용의 편리성과 사용의 용이성 [김정욱 & 주형진, 2000], 인터넷 쇼핑몰에서 소비자에게 제공하는 서비스인 쇼핑몰 제공 서비스와 고객이 요구하면 제공하는 서비스로 정의되는 고객요구 서비스로 보기도 한다. [이정환 & 최문기, 2003] 이렇듯 서비스 기술은 구매 고객의 주문을 신속히 처리하거나 항상 성실하게 질문에 응답을 하고 약속한 시간에 제품과 서비스를 제공 하는 등 개별적인 관심을 갖는 시스템으로 인식되고, 짧은 시간 내 용이하게 고객이 원하는 것을 해 줄 수 있다면, 그 쇼핑몰 사이트에 대해선 위험을 덜 인식하게 되고 구매가 지속적으로 이루어 질 수 있을 것이다. [박준철 & 윤만희, 2000; 전정근 & 홍성태, 2003]

(5) 디자인

인터넷 쇼핑몰을 통한 제품이나 서비스의 구매는 홈페이지를 통해 이루어지기 때문에 인터넷 쇼핑몰의 전체적인 구조나 색상, 메뉴, 아 이콘, 문자, 적절한 그래픽 요소와 같은 디자인이 고객의 구매와 신 뢰에 중요한 요소가 될 수 있다. 이는 인터넷 사용기간과 쇼핑몰 구 매경험이 쇼핑몰의 시각적인 요인들에 많은 영향을 받으며 사용자의 특성 또한 인터넷 쇼핑몰 디자인의 구성요소와 관계가 있다. [손달 호 & 임선영, 2001]

Lohse and Spiller(1998)는 사이버 쇼핑몰 운영의 중요한 속성 및 효율적 구축방안의 연구에서 중요한 점은 디자인이고, 이는 제품 서비스, 홍보, 편리성, 대금 지불과정, 검색방식 및 도구에 의해 결정된다고 하였다. 또 다른 연구에서는 고객의 구매의사결정을 지원하는 기초적인 고객의사결정지원시스템(CDSS)을 제안하며, 고객의 구매의사결정을 돕기 위해서는 인터넷 사이트에 충분한 내용 및 시각적인 네비게이션 시스템이 필요하다고 하였다. [O'Keefe & Mceachern, 1998]이건창과 정남호(1998)는 3D 환경의 가상현실감을 구현한 사이버 쇼핑몰을 설계하여 가상현실을 통한 차별적인 쇼핑몰이 기존의 쇼핑몰 형태보다 구매 향상 가능성이 있다고 하였다. 또한 이춘열, 정승렬, 그리고 신길환(2001)은 「인터넷 이용자의 사이트 특성 결정 요인에 대한 연구」에서 웹 사이트의 신뢰성을 측정하기 위해 디자인, 기술, 콘텐츠를 웹 사이트의 신뢰성 요인으로 설정하였다.

⑹ 콘텐츠

다음으로 인터넷 쇼핑몰의 콘텐츠가 다양할수록 사이트에 대한 위험을 인지하는 것이 달라질 수 있다. 인터넷 쇼핑몰의 콘텐츠는 웹을 통해 제공되는 내용물인 정보와 정보를 효율적으로 전달하는 인터페이스, 디자인, 정보를 이용한 고객 서비스(개인화된 정보제공, 동영상 자료의 제공, 기타 부가서비스) 등의 모든 구성요소를 말한다. [문남미, 김효근, & 김지성, 2000]일반적인 인터넷 쇼핑몰에서의 콘텐츠는 인터넷 쇼핑몰을 구성하는 User Interface(쇼핑몰 디자인, 편리한 메뉴구성, 제품 찾기 및 검색의 용이성, 생동적인 제품 제시성, 주문, 결제 및 반품의 편리성 등)요인, Information(제품 구색의 폭과 넓이, 다양하고 정확한 제품정보, 여러 제품들 간의 비교쇼핑)요인, Customer Service(실시간 불만 처리, FAQ, Q&A)요인 등 전 구성요소를 포함하는 개념이다. 콘텐츠를 구성내용의 특성에 따라서 이성적 콘텐츠와 감성적 콘텐츠로 구별하고 이성적 콘텐츠는 다시 정보내용에 따라서 정보제공 콘텐츠, 결제 콘텐츠 및 거래확정 콘텐츠로 구분한 연구도 있다. [이호배 & 이현우, 2003]

따라서 소비자들이 인터넷 쇼핑몰에서 제품을 구매하는 이유는 전통적 점포에 비해 편리하고 제품이 다양하고, 원하는 제품이나 서비스를 빠르게 찾아주기 때문이라고 할 수 있다. [Ellison, 1997]또한 다양한 부품으로 구성된 제품의 가격이 수시로 변동할 때 인터넷 쇼핑몰을 통해 신속하고 편리한 정보를 제공받을 수 있기 때문이다. [Settle, 1995; 이호배 & 이현우, 2003]

기존의 연구들에서 도출한 인터넷 상거래 사이트에 대한 요인들을 기본으로 하여 본 연구에서 필요로 하는 사이트의 특성은 사이트의 규모나 평판(명성) 그리고 거래안정을 위한 보안통제와 쇼핑몰의 얼굴인 디자인과 정보에 해당되는 콘텐츠 그리고 고객이 편안하게 사용 할 수 있는 서비스 기술 등으로 정리될 수 있다.

〈표 2-5〉 인터넷 쇼핑몰 사이트 특성 관련 연구 문헌

요 인	세부요소	연구자
지각된 규모	- 업계에서 가장 큰 공급자 - 대규모 쇼핑몰 - 대기업 운영 - 인터넷 분야 대형 쇼핑몰 - 대규모 인터넷 쇼핑몰에 대한 선호도 - 쇼핑몰의 선택 대안제시 정도 - 쇼핑몰의 경영 규모 - 회원 가입자 수 - 취급 품목의 수 - 검색 사이트에서의 접근성 - 운영 주체에 대한 인지도	Jarvenpaa, Tractinsky, & Vitale(2000) Jarvenpaa & Tractinsky (1999) Doney & Cannon(1997) 유일 & 최혁라(2003) 정기억(2002)

요 인	세부요소	연구자
지각된 평판	- 업계의 평판 - 쇼핑몰 이름의 지명도 - 유명도 - 고객과의 신뢰 정도 - 쇼핑몰의 평판이 좋은 정도 - 우수한 쇼핑몰로 사람들이 인식하고 있는 정도 - 쇼핑몰을 이용해 보지 않아도 믿을 수 있는 정도 - 잘 알려진 쇼핑몰 - 인기 좋은 쇼핑몰 - 언론에서 자주 접하는 쇼핑몰 - 주위에서 자주 듣는 쇼핑몰 - 유명한 인터넷 쇼핑몰에 대한 선호도 - 인터넷 쇼핑몰에 대한 전반적인 평판	McKnight, Choudhury, & Kacmar (2002) Jarvenpaa, Tractinsky, & Vitale(2000) Jarvenpaa & Tractinsky (1999) Doney & Cannon(1997) Smith & Barclay(1997) 전종근 & 홍성태(2003) 유일 & 최혁라(2003) 정기억(2002) 김상현 & 오상현(2002)
보안 통제	- 웹 사이트의 거래 안전을 보장하는 문구 또는 로고의 존재 - 개인정보 사용의 거래 목적 유용성 보장 - 환불 정책에 대한 설명의 명확성 - 거래 안정성에 대한 홍보 정도 - 금전적 손실에 대한 보장성 - 개인정보 보호정책의 명확성 - 개인정보 유출방지에 대한 보장 정도 - 암호화와 강력한 서비인증 기반으로 고객정보에 대한 철저한 보안서비스 실시 - 개인정보 사용의 거래목적 유용성 보장	Ranganathan & Ganapathy(2002) Cheung & Mattew K.O.Lee(2001) 유일 & 최혁라(2003) 박철 & 강병구(2003) 김상현 & 오상현(2002)
서비스 기술	- 응답속도의 신속성 정도 - 다양한 제품의 선택성 - 제품구매의 용이성 - 제품조회의 용이성 - 고객에게 꼭 맞는 상품을 추천하는 서비스 제공 - 주문 취소의 용이성 - 상품이 마음에 안 들 경우 교환 / 환불 용이 - 소비자의 문의에 대한 신속한 반응 - 교환, A / S의 제도화 - 고객 개개인의 개별 관심 정도	Liu & Arnett(2001) Jeong, Lim, & Jin (2000) 전종근 & 홍성태(2003) 이정환 & 최문기(2003) 김주영 & 김경규, 박준철 & 윤만희(2002) 김상현 & 오상현(2002)

요 인	세부요소	연구자
디자인	- 구입제품 소개 사진의 제공 여부 - 동화상 제공 여부 - 제품 색상 / 디자인 비교 가능 여부 - 제품 제조사와의 연동 가능 여부 - 전체적인 분위기가 시각적으로 보기 좋게 제공 - 취급하난 상품과의 조화 - 화면상의 글자나 아이콘의 조화 - 페이지간 이동 수월 - 현재 있는 위치 파악 용이 - 쇼핑몰 구성도가 쇼핑에 도움 - 쇼핑몰의 전체적인 분위기와 디자인의 일관성	Ranganathan & Ganapathy(2002) Liu & Arnett(2001) Jeong, Lim, & Jin(2000) 박철 & 강병구(2003) 전달영 & 경종수(2002) 박준철 & 윤만희(2002) 김상현 & 오상현(2002) 이춘열, 정승렬, & 신길환(2001)
콘텐츠	- 취급 상품 / 상표의 다양성 - 구매 조건의 다양성 - 상품비교 탐색의 시간적 경제성 - 상품정보의 비교 용이성 - 여러 상표 / 상품의 비교 가능 - 사이트에서 제공하는 제품 평가 정보의 쇼핑 도움 - 고객들의 제품평가 정보 - 전문가의 제품평가 정보 - 제품의 사진, 동영상 정보 - 제품의 재고 상태 정보 - 보유하고 있는 제품의 종류 다양	Ranganathan & Ganapathy(2002) Jeong, Lim, & Jin (2002) 전종근 & 홍성태(2003) 이정환 & 최문기(2003) 전달영 & 경종수(2002) 박준철 & 윤만희(2002) 김상현 & 오사현(2002) 이춘열, 정승렬, & 신길환(2001)

제2절 패션제품의 속성에 대한 고찰

어떤 하나의 제품에 관한 속성(Attributes)이란 그 대상이 가질 수도 있고 가지지 않을 수도 있는 독특한 특성으로 특정 제품을 떠 올릴 때 연상되어질 수 있는 모든 것을 의미한다.

Abraham and Littrell(1995)은 마케팅 관리자에 의해 다루어질 제

품은 제품 그 자체의 구체적인 속성을 소비자가 추구하는 바람직한 결과에 연결시켜야 한다고 하였으며, 특히 의류시장은 매우 다변화하고 경쟁적 심화가 치열해지고 있어 틈새시장을 확보하기 위해 소비자가 중요하게 생각하는 의복제품속성에 대한 이해가 요구된다고 하여 의복의 제품속성에 대한 중요성을 강조하였다.

Plummer(1895)에 의하면 어떤 제품에 대한 브랜드 이미지는 제품속성, 소비자 편익, 브랜드 개성이라는 세 가지 요소로 구성된다고 하여, 이 중 브랜드 개성은 많은 제품 범주들 중에서 소비자들이 특정 브랜드를 선택하는 이유를 설명할 수 있게 하는 주요한 요인이 된다고 하였다.

특히 패션브랜드들의 많은 속성들 중 마케팅 전략적 측면에서 가장 중요한 것은 의류제품의 내재적 단서로 본질적 속성을 중심으로 한 소재, 스타일, 색상 등에 관한 내용으로 구성 되어 있는 제품속성과 외재적 단서의 중요한 구성이 되는 가격속성으로 구분할 수 있다.

이에 각 속성에 관한 자세한 내용을 살펴보는 것은 각 패션 브랜드 유형이 가지고 있는 제품과 관련된 세부 속성을 구체적으로 파악할 수 있는 계기가 될 수 있다.

특히 패션기업의 입장에서는 동업종 내 경쟁브랜드와 차별화 전략을 수립하기 위한 다양한 방법을 모색함에 있어 이러한 제품, 가격과 같은 속성을 중심으로 차별화 방안을 마련하는 것은 기본적인 마케팅 구성을 위한 마케팅 믹스의 차원에서 한발 더 나아가 새로운 브랜드 전략으로서의 입장을 명확히 하는 것이다.

한 가지의 제품을 판단할 때는 여러 가지 구성요소에 대한 총합적인 평가 기준에 의하게 됨으로 본 장에서 다루어지는 제품속성은 소비자가 구매하는 제품 및 그와 관련된 가격, 서비스, 환경적 측면을 고려한 총채적인 구성요소를 의미하는 것으로, 마케팅 전략 수립에 기초가 되는 4P의 요소에 근거한 전반적인 제품의 세부적인 속성에 대한 내용을 위주로 살펴보고자 한다.

1. 제품속성

제품이란 잠재 고객들의 기본적인 욕구를 충족시키거나 문제를 해결해 줄 수 있는 모든 수단을 의미하며 제품속성이란 소비자가 원하는 제품의 기능을 수행하는데 필요한 제품구성 요소를 말한다. 마케팅 개념에 있어 제품은 잠재 고객들의 욕구나 문제를 확인하고 이를 충족시킬 수 있는 최적의 마케팅 믹스를 개발하여 제공하는데 있으며, 이러한 활동은 고객만족을 창출하고 장기적인 이윤을 획득하게 된다.

유동근(1992)도 마케팅 개념을 실천하는 과정에서 제품은 그 자체가 고객에게 만족을 제공하기 위한 마케팅 믹스의 가장 중심적인 위치에 있으며 비록 상호 영향을 미치지만 대체로 마케팅 믹스의 다른 요소들에게 가장 큰 영향을 미치는 요소라고 하였다.

한편 소비자가 구매하려는 제품을 평가할 때 사용하는 속성에 관련한 내용을 토대로 한 평가기준을 선택기준이나 구매기준이라고 하는데, 의류 제품을 선택 구매할 때 고려하는 주관적, 객관적 기준을 의류제품의 평가 기준이라고 한다.

현재까지 의복과 관련된 제품속성에 관한 많은 연구들에서는 제품을 구성하고 있는 속성의 분류를 다양하게 구분하여 설명하고 있는데 제품의 변하지 않는 속성인 본질적 속성과 마케터의 의도에 의해 변할 수 있는 비본질적 송성으로 크게 구분하기도 하였다. [Hatch & Robert, 1996; Eckman, Damhorst & Kadolph, 1990; Rao & Sieben, 1992; Abraham & Littrell, 1995]

의복의 속성을 물리적 특성에 의하여 내재적 차원과 외재적 차원으로 구분하여 연구되기도 하였는데 [Olson & Jacoby, 1972; Glock & Kunz, 1990; Hines & O'Neal, 1995], 내재적 차원은 섬유조성, 스타일, 색상 등 제품의 물리적 특성들을 변화시키지 않고는 변화될 수 없는 속성으로 제품이 본래 가지고 있는 속성이라고 할 수 있으며 외재적 차원은 상표명, 가격, 포장 등 제품의 물적 특성이 아닌 제조업자나 판매자에 의하여 부가된 속성이라고 할 수 있다.

박은주와 이은영(1982) 그리고 박성은(1998)은 의복의 속성을 크게 2가지로 구분하여 객관적 속성과 주관적 속성으로 구분하였는데, 객관적 속성은 의류제품을 구성하는 물리적 특성으로 구체적으로 제시되는 속성으로 가격, 상표, 스타일, 색상으로 구성된다고 하였으며, 주관적 속성은 소비자의 지각과 경험을 통해 객관적 속성으로부터 추론 되는 속성으로 차별성, 개성, 실용성, 예의성, 유행성으로 구성된다고 분류하여 의복에 대해 느끼는 소비자의 심리적 상태와 경향성에 관한 내용으로 설명하였다.

김민수(2002)는 의류 제품의 경우 가시적인 제품으로 물리적인 속성과 함께 심리적인 속성이 공존하고 있어서 구매상황으로 상황이 통제되어도 품질평가 시 외재적 단서뿐 아니라 내재적 단서에 의한 영향을 무시할 수 없다고 하여 제품의 물리적 속성에 관한 중요성을 강조하였다.

Forsythe(1991)는 서로 다른 브랜드 유형에 대해 소비자들이 느끼는 의복품질인식의 영향에 관한 연구에서 브랜드 간 인지된 품질에 있어 명확한 차이가 없다고 하여 어패럴 품질이 실제 제품평가 시 브랜드 이름에 의해 영향을 받지 않는다고 하였다. 이러한 결과는 의복특성을 구성하는 내적 단서들이 의복품질평가 시 브랜드 네임보다 더욱 중요하다는 것을 보여주는 것이다.

박은주와 홍금희(1999)는 할인점의 구매만족 행동에 관한 연구에서소비자들의 할인점에 대한 태도에 있어 마케터들은 광고 등의 촉진을 통해 할인점이 값싼 제품이나 이월제품 및 불량 제품을 주로 취급한다는 인식이 아니라 할인점에 대한 긍정적인 이미지를 갖게

하기 위해 할인점에서도 중요한 비교적 취약한 제품구색과 교환 및 수선의 폭을 넓혀야 한다고 하였다.

유통업체 브랜드 의류제품 구매자의 구매동기 및 구매동기 불만족에 관해 연구한 권순기(2001)는 구매빈도에 따른 집단간 유통업자상표의 구매동기에 차이가 있다고 하여 구매횟수에 따라 만족하는 제품속성의 차이를 밝혔는데 1-2번 구매 시에는 디자인이, 3-5회 이상은 가격에 비해 품질이 좋아서라고 하여 제품속성에 대해 다르게 평가하였는데 이는 반복구매에 따른 브랜드 인지도의 상승에 따라 가격에 대비한 품질의 우수성을 인식하는 것을 말한다. 유통업자의 상표 의류제품 구매 시 또는 구매 후 불만족요인으로 사이즈가 다양하지 않다는 의견을 보여 이에 대한 보강이 필요하다고 하였다.

임숙자와 김선희(1998)는 현재 새로이 등장한 할인점, 아울렛 쇼핑몰과 같은 신 유통업태에 대한 소비자의 구매행동에서 가격요인에서 매우 만족한 반면, 상표, 유행성, 디자인, 사이즈들에 대한 만족도가 낮은 것으로 나타나 국내 사이즈 체계의 통일 표시 방법의 일관성, 명확한 분류체계가 필요하며 저 품질의 수입의류 보다는 품질이 좋고 유명한 국내 상표를 판매하기 위한 개선책이 필요하다고 하였다. 따라서 전반적인 연구결과에서 할인점의 의류제품에 대한 사이즈 부적합에 과한 내용이 공통적으로 갖는 불만족 요인으로 나타났다.

어패럴 품질인식에 관한 브랜드 유형의 영향에 관한 Morganosky(1990)의 연구에서는 패션브랜드 유형 중 스토아 브랜드는 네임 브랜드들이 가지는 것보다 전반적인 품질인식에 있어 낮게 평가도니다고 하여 네임 브랜드의 품질이 우수하다고 하였다.

이상의 연구결과를 종합해 보면, 의복은 어느 한 가지 기준으로 평가할 수 없는 다면적이고 복합적인 특성을 가져 의복과 관련된 속성은 다차원적 입장에서 해석되고 이해해야 하기 때문에 일반 소비재와는 다른 세로운 접근방법이 필요하다.

따라서 본 연구에서는 제품속성을 근본적으로 의류제품으로서의
구성 및 표현에 관련된 본질적인 내용과 제품자체의 구색적 측면만
을 포함하는 내용만으로 한정하여 패션제품의 제품속성이 소비자 만
족에 미치는 영향을 살피고자 한다.

2. 가격속성

어떤 하나의 제품에 대한 가격은 소비자들의 구매심리에 많은 영
향을 미치고 이러한 영향력은 제품을 처음으로 대할 때 태도에 있어
서도 접근 가능성을 가능케 하는 하나의 수단이 되기도 한다.

가격은 제공되는 제품 및 서비스에 대한 대가로 요구되는 금액을
표현하는 금전적 가치를 말하는 것으로 보다 넓은 의미의 가격은 소
비자가 소유하거나 사용하게 된 제품이나 서비스가 제공하는 이익에
대한 지불가치로 이해할 수 있다.

이러한 가격에 대한 정의를 살펴보면, 김원수(1986)는 판매업자로
부터 제공받은 재화나 서비스에 대한 구매자가 지급하는 재화나 서
비스의 양을 비율로 나타낸 지표라고 하여 가격을 소비자가 지불하
는 제품속성에 대한 금전적 가치로 표현하였다.

Jacoby and Olson(1985)은 가격이란 소비자에게 여러 가지 의미를
지니게 된다고 하여, 동일하게 제시된 객관적 가격이라도 소비자, 제
품, 구매상황과 시기에 따라 서로 다른 주관적 가격으로 지각될 수
있다고 하여 소비자들에게 느껴지는 가격의 양면성을 시사하였다.

이러한 가격의 특성을 이용하여 소매점에서 실시하는 가격전략은
소비자, 제품에 따라 겸을 높이기도 하고 낮추기도 하는 점포의 의
사결정으로 사용되기도 하는데 김원수(1986)는 가격의 중요성은 제
품, 점포, 소비자의 형태에 따라 다르게 지각되므로 실제가격보다 소

비자가 인식하는 가격, 즉 주관적 가격이 더 중요하다고 하였다.

어떤 제품의 품질을 평가하기 위한 도구로서 가격이 사용될 때 특히 가격이 유일한 판별정보이고 제품의 품질이 서로 다르다고 지각할 때 제품에 대한 품질에 대한 소비자의 인식은 가격차가 클 때 가격이 높은 상표를 선택하는 경향이 있으며 가격이 낮은 제품을 선택하게 되면 그 제품의 구매에 대해 불만족하는 것으로 알려져 있다. [Lichtenstein, Ridway, & Netemeyer, 1993].

이학식 등(1992)은 표준화되어 있거나 상표 간 가격차가 미미한 제품들의 경우는 가격이 높을수록 품질이 좋을 것이라는 기대랄 하지 않지만, 제품을 사용해 본 경험이 별로 없고 제품지식이 적거나 브랜드를 간에 가격과 품질에서 상당한 차이가 있는 것으로 지각되는 경우(패션제품이나 승용차) 소비자들은 가격이 높으면 품질이 더 우수할 것이라는 가격－품질 간의 연상 심리를 갖는 성향이 있다고 하였다.

그러나 가격만이 단순히 제품품질을 평가하는 기준으로 작용하는 것은 거의 불가능하기 때문에 가격의 단일 단서 효과보다는 상표, 구매 장소 혹은 이전의 구매경험과 같은 요인들이 상호 작용하여 소비자의 제품평가에 영향을 주게 된다.

김가영(1998)에 따르면 가격은 특히 그 자체만으로 영향력을 발휘하기 보다는 가격과 다른 속성(상표7, 점포 등)이 결합되었을 경우에 영향력에 있어 더욱 차이를 보이는데, 특히 소비자의 인적특성과 인구통계학적 특성에 따라 각 개인에 있어 가격에 대한 인식은 매우 다르게 나타났고 동일한 가격 자극에 대해서도 소비자 특성의 차이게 따라 서로 다르게 반응한다고 하였다.

경제적 측면에서 가격은 제품이나 서비스를 구매하는데 드는 비용 내지 희생의 지표로 작용하기 때문에 소비자의 선택과정에 영향을 미친다고 보고 있으며, 높은 가격은 소비자의 예산에 부정적 영향을 끼치는 것으로 고려된다는 것이다.

가격역할에 대한 지각방식의 차이에 있어 가격과 품질지각 간 관계의 양상이 다르게 나타난다고 한 백영승(1994)은 지위에 민감함 구매자의 경우 가격단서를 제품의 품질을 나타내 주는 지표로 사용하지만, 할인율이나 할인시기에 민감하고 가격자체에 민감하게 반응하는 구매자의 경우는 가격단서를 이용해 제품의 품질을 평가하지 않는다고 하여 소비자에게 인지되는 가격의 다차원적인 측면에 대한 내용을 제시하고 있다.

한편 가격은 그 자체 소비자에게 인지되는 다양한 관련 속성을 가지게 되는데 진병호(1998)는 소비자가 지각하는 가격을 크게 긍정적인 단서와 부정적인 단서로서 언급하여 가격차원을 6가지로 구분하였는데, 그 세부속성은 세일지향, 가격전문성, 가치의식, 가격의식, 가격-품질 도식, 위신 민감성으로 구분하여 높은 가격이 구매에 부정적인 영향을 미치는 차원으로 세일지향, 가격전문성, 가격의식과 가격 의식차원으로 밝히고, 긍정적인 영향을 미치는 차원으로는 가격-품질 도식과 위신 민감성 차원으로 구분하기도 하였다.

의류제품의 가격 수용성에 관해 연구한 김미경(2000)은 소비자의 가격에 대한 태도를 권위가격지향, 할인가격지향과는 정적 상관이 나타났고 할인가격과 저가지향의 가격태도와는 부적 상관이 나타나 높은 가격의제품이 품질도 우수하고 위신도 높여 준다고 생각하는 소비자일수록 수용 가능한 적정가격수준이 높고, 저가를 지향하고 할인을 지향하는 소비자들은 수요가격이 상대적으로 낮다고 하였다.

한편 점포특성에 대한 가격태도의 관점에 대해 연구한 박은주와 홍금희(1999)는 할인점 애고 소비자들이 가격에 대해 매우 민감하여 할인점 선택 시 소비자의 가격태도가 매우 중요한 변인이라고 하였으며, 할인점 애고 집단은 비애고 집단보다 가격을 중요시 하였으며 만족도도 높다고 하였다. [Shim & Kotsiopulos, 1992; 진병호 & 고애란, 1995]

〈표 2-6〉 패션제품 속성에 대한 관련 연구 문헌

요 인	세부요소	연구자
제품 속성	-재봉 상태 및 완성 상태 정도 -착용하거나 활동에 편안 정도 -제품의 치수 및 맞음새 정도 -제품의 디자인이 전체적으로 마음에 드는 정도 -제품의 스타일이 마음에 드는 정도 -유행성이 잘 반영되어 있는 정도 -제품의 느낌이 좋고 적합한 정도 -사용된 옷감은 튼튼하고 내구성 정도 -세탁과 관리에 편리한 정도 -세탁 후 변색이나 형태변형 등과 같은 제품 이상의 정도 -제품관리 및 치수에 관한 라벨이 정확하게 부착되어 있는 정도 -사이즈 표시가 정확한 정도 -의류제품의 종류가 다양하고 구색이 잘 갖추어져 있는 정도 -제품 종류별 사이즈가 다양하게 잘 갖추어져 있는 정도 -다양한 색상/디자인 제품이 구비되어 있는 정도 -다양한 디자인의 제품이 많은 정도	유동근(1992) Hatch & Robert,(1996) Eckman, Damhorst & Kadolph(1990) Rao & Sieben(1992) Abraham & Littrell(1995) Olson & Jacoby(1972) Glock & Kunz(1990) Hines & O'Neal, (1995) 박은주 & 이은영(1982) 박성은(1998) 김민수(2002) Forsythe(1991) 박은주 & 홍금희(1999) 임숙자 & 김선희(1998)
가격 속성	-서비스나 매장 환경에 비해 제품이 저렴한 정도 -가격이 제품의 이지지나 품질, 매장 분위기에 적당한 정도 -대체로 제품의 가격이 저렴하여 마음에 드는 정도 -싸게 파는 기획 제품이나 행사가 자주 열리는 정도 -할인판매를 자주해서 싸게 구입할 수 있는 기회가 많은 정도 -우수한 제품의 옷을 위해서는 보다 많은 가격을 지불하는 것은 당연함 -비싼 가격의 의복의 신뢰감 -가격이 비싸도 마음에 들면 꼭 구입하는 정도 -보다 싼 가격으로 옷을 사기 위해 많은 매장을 다님. -옷을 싸게 사기 위해 드는 시간과 노력, 돈은 아깝지 않다고 생각함. -옷을 구입할 때 할인 판매기간을 주로 이용하게 되는 정도 -당장 필요는 없어도 점포의 세일 때문에 옷을 산 적이 있는 정도. -가격의 할인 폭이 크면 클수록 구입을 많이 하게 되는 정도. -싸게 의복을 구입하는 방법을 다른 사람에게 알려주는 정도 -여러 가지 종류의 옷에 관한 가격정보를 많이 알고 있는 정도	김원수(1986) Jacoby & Olson(1985) Lichtenstein, Ridway, & Netemeyer(1993) 김가영(1998) 백영승(1994) 진병호(1998) 박은주 & 홍금희(1999) Shim & Kotsiopulos (1992) 진병호 & 고애란(1995)

제3절 쇼핑성향에 대한 고찰

1. 쇼핑성향의 개념

소비자들의 점포 선택행동을 설명할 수 있는 한 개념으로 쇼핑성향을 들 수 있다. Howell(1979)은 '쇼핑 성향(Shopping Orientation)은 쇼핑에 관련된 활동, 흥미, 의견을 포함하는 쇼핑 양식으로 사회 경제적 여가 선용과 관련된 현상을 반영한다.'고 하였다. Hawkin, Best, and Colony(1989)는 쇼핑성향을 특정한 활동에 특히 중점을 두는 쇼핑스타일이라 정의하였고, Monroe and Guiltinan(1975)은 AIO(심리 도식방법: 행동 / 심리 / 의견)와 비슷한 쇼핑과 탐색에 관한 일반적인 의견과 행동이라고 하였다. 또 Darden and Aschton(1985)는 소매점 쇼핑타입과 선호차원이라고 정의하였다. 최수현(1996)은 쇼핑성향이란 소비자가 쇼핑전과 쇼핑 시에 나타나는 태도와 행동을 포괄적으로 나타내는 쇼핑 스타일이라고 정의하였다. 결국 쇼핑 성향이란 의복 쇼핑에 관련된 태도와 행동을 포괄적으로 나타내는 쇼핑스타일이라 볼 수 있을 것이다.

이처럼 쇼핑성향의 개념과 차원은 연구자들에 따라 다르게 나타나며 쇼핑성향에 대한 많은 연구에서 쇼핑성향이 다차원적이라는 점을 제시 하였다.

2. 일반적인 쇼핑성향

쇼핑성향의 개념을 처음으로 소개하였던 Stone(1954)은 도시의 거

주자들과 지역사회와의 사회적인 관계를 연구하는 과정에서 쇼핑에
대한 태도. 즉, 쇼핑성향을 연구하였다. 그는 다양한 쇼핑성향을 근
거로 여성 백화점 고객 124명을 대상으로 심층면접을 실시하여 4가
지 소비유형을 다음과 같이 구분하였다. 경제적 소비자(Economic
Consumer), 대인관계 추구형 소비자(Personalising Consumer), 윤리적
소비자(Ethical Consumer), 무관심 소비자(Apathetic consumer)로 구분
하였다. 그리고 Darden과 Renolds(1974,1975)는 167명의 중류층과 중
상류층의 가정주부를 대상으로 심리도식(psychographic) 방법을 사용
하여 Stone 이 연구했던 일반적인 쇼핑성향과 제품 사용 율 간의 관
계를 조사하였다. 경제적 쇼핑자(the econmic shopper), 대인관계 추
구형 소비자(the personalizing shopper), 무관심 소비자(the apathetic
shopper), 윤리적 소비자(the ethical shopper)로 구분하여 이들의 연구
는 방법론적으로는 Stone의 견해를 지지하였다.

　Mochis(1976)는 쇼핑성향과 정보탐색 행동 간의 관계를 연구하였는
데 생활양식과 쇼핑 성향이 다른 소비자는 서로 다른 정보탐색행동을
한다고 가정하였고 화장품을 쇼핑하는 습관에 따라 소비자를 특별할
인제품 선호 소비자, 상표 충성형 소비자, 점포 충성형 소비자, 문제
해결형 소비자, 사회 심리적 소비자, 상표·명성 중시형 쇼핑자로 구분
하고 구매자의 유형에 따라 정보원 이용이 달라진다는 것을 알 수 있
었다. Bellenger, Robertson, and Greenberg(1977)은 점포 선택 시 중요
하게 생각하는 점포의 속성을 기준으로 점포 애고 동기를 측정하여
쇼핑성향과 점포 이미지, 점포 유형 선택 행동 사이의 관련성을 조사
하였다. 쇼핑을 여가 생활의 일부로 즐기는 여가 선용적 쇼핑성향을
지닌 소비자는 자신감이 높고 사회 지향적이며 점포 속성을 주요하게
생각하므로 제품 구색이 다양하고 품질이 우수한 점포를 이용하고 있
음을 밝혔다. Williams, Painter, and Nicholas(1978)는 가격 정책과 고
객 서비스 정책에 관한 소비자의 관어를 중심으로 식료품점의 쇼핑자

들을 무관심한 쇼핑자, 편의적 쇼핑자, 가격 지향적 쇼핑자, 관여적 쇼
핑자의 4가지로 유형화하였다. 무관심형 쇼핑자는 점포 충성이 높으
며, 편의 지향 쇼핑자는 고가격 점포를 선호 하였고, 가격 지향 쇼핑자
는 연령이 높으며, 저 가격 점포를 선호하는 것으로 나타났다.
Bellenger and Korgankar(1980)는 쇼핑을 즐기는 정도에 따라 여가선
용적 쇼핑자와 경제적 / 편의적 소비자라 구분하였고, 쇼핑행위로 여가
시간의 활용차원에서 즐기는 소비자들이 충동구매를 자주하며 보다
많은 시간을 쇼핑에 투자하여 필요한 제품을 구매한 후에도 계속 소
매점을 돌아다니며 쇼핑을 한다고 하였다.

  Westbrook and Black(1985)은 쇼핑성향을 정확하게 파악하기 위해
쇼핑동기의 중요성을 밝혔으며 쇼핑동기를 제품기대 효용, 역할 수
행, 흥정, 제품 선택의 최적화, 친교, 권위감, 감각적 자극 추구로 구
분하여 소비자를 쇼핑과정 몰입형 소비자, 선택최적화 추구형 소비
자, 무관심한 소비자, 경제적 소비자로 유형화하였다.

3. 의복 쇼핑성향

  Lumpkin and Greenberg(1982)는 의복 쇼핑성향 차원을 쇼핑의 편
리성, 쇼핑의견 선도자, 쇼핑에 대한 자신감, 광고되는 특별할인 제
품 선호 소비자, 신용카드 사용, 대인관계 추구형 소비자, 쇼핑을 즐
김으로 구분하였다. 연구결과 여가선용 쇼핑자는 쇼핑을 즐기는 경
향이 있었으며 대인관계 추구형 쇼핑자는 점포판매원과 개인적인 관
계를 추구하는 경향이 있었다.

  Shim and Kotsiopulos(1993)는 여성소비자를 대상으로 하여 의복
쇼핑 성향차원을 쇼핑능력에 대한 확신, 상표의식, 편의성과 시간의
식, 몰쇼핑, 동네점포 쇼핑, 국산품 표시에 대한 무관심, 카탈로그 쇼

핑, 외모관리, 신용카드의 사용, 경제적 쇼핑, 유행의식의 쇼핑성향에 따라 분류한 결과 쇼핑 고관여자, 무관심 쇼핑자, 편의지향형 카탈로 그 쇼핑자로 구분하였다. 쇼핑고관여자는 의복의 쇼핑과정을 매우 중시하였고 무관심한 소비자는 쇼핑 고관여자와 반대되는 경향을 보였으며 편의추구형 카탈로그 쇼핑자는 점포보다는 집에서 카탈로그로 쇼핑하는 경향이 있고 의복 쇼핑 시 편의성과 시간을 매우 의식하는 것으로 나타났다.

Gutman and Mills(1982)는 의복 쇼핑성향을 쇼핑의 즐거움, 가격 의식, 전통지향서, 실용성, 계획적 쇼핑, 타인 추종성으로 구분하였다. 연구결과 유행선도자들은 쇼핑을 즐기며 가격을 의식하지 않고 실용적이지도 전통적이지도 않은 반면에 유행 추종자들은 쇼핑을 즐기기는 하나 전통적이고 추종적인 것으로 나타났다.

김성환과 조영희(1993)는 쇼핑성향에 따른 점포 선택과 평가 기준에 대한 연구에서 소비자의 쇼핑성향을 크게 인적 유대형, 비계획적 쇼핑형, 쇼핑 향유형, 유명상표 선호형의 4개 유형으로 나누어서 선호 점포와 쇼핑유형에 따른 평가기준의 차이를 조사하였다.

김소영(1994)은 의복 쇼핑성향과 점포애고행동에 관한 연구를 하였는데 이중 의복 쇼핑성향의 차원을 밝히기 위해 쾌락적 쇼핑성향, 점포 및 상표 충성쇼핑성향, 쇼핑의 신중성, 독자적 쇼핑성향, 쇼핑에 대한 자신감으로 구분하였다. 이 중 쾌락적 쇼핑 성향과 경제적 쇼핑성향이 의복 쇼핑성향의 가장 중요한 두 차원으로 나타나 이들을 기준으로 소비자들을 쇼핑 저관여형, 쾌락추구 쇼핑형, 경제성 추구 쇼핑형, 쇼핑 고관여형의 네 유형으로 분류하였다. 쾌락추구 쇼핑형은 점포 선택 시 상표와 유행성을 중요시하고 의복 구매 시에는 사회 심리적 위험과 유행 손실 위험을 높게 지각하였다. 경제성 추구 쇼핑형은 점포선택 시 제품 속성을 중요시 하였고 의복 점포 선택 시 제품 속성과 상표 및 유행성을 모두 중요시 하였고 의복 구매

시에는 위험 지각이 모두 높았으며 쇼핑 저관여형은 점포 선택 시 중요시하는 속성이 없었고 의복 구매 시 위험 지각도 낮았다.

서은희(1994)는 의복 쇼핑성향을 여가적 쇼핑성향, 합리 추구형 쇼핑성향, 편의 추구형 쇼핑성향, 가격 의식적 쇼핑성향으로 구분하였다. 합리 추구적 쇼핑성향이 높은 소비자는 지속적으로 정보를 탐색하고 충동 구매하는 성향이 높으며 쇼핑을 자주하며 쇼핑하는 시간도 길며 구매하는 의복의 수도 많고 백화점과 독립된 점포에서 쇼핑을 하는 경향이 높다. 이 쇼핑 성향이 높은 소비자들은 의복을 통해 즐거움을 느끼지만 의복 구매 시 위험을 많이 지각하였다. 편의 추구적 쇼핑성향이 높은 소비자들은 의복의 상징성을 중요시 하고 의류 쇼핑 시 편의성을 중시하며 여러 매장을 손쉽게 둘러 볼 수 있다. 가격 의식적 쇼핑성향이 높은 소비자들은 의복 구매 시 위험을 많이 지각하는 경향이 있어 품질을 믿을 수 있는 백화점의 세일 상품을 애용하는 경향이 높다고 보고하였다. 정수진(1997)은 여대생의 의복 쇼핑 성향과 충동구매에 관한 연구에서 소비자의 쇼핑 성향 차원을 여가성 쇼핑성향, 경제적 쇼핑성향, 신중 쇼핑성향, 유명상표 쇼핑성향의 4개 요인으로 추출하여 이들 요인 중 가장 중요하게 평가된 여가성 쇼핑성향과 경제적 쇼핑성향을 군집으로 분류하여 소비자들을 네 가지 유형, 즉, 저관여 쇼핑형, 경제성 쇼핑형, 여가성 쇼핑형, 고관여 쇼핑형으로 분류하였다. 여가성 쇼핑형과 고관여 쇼핑형은 충동구매 성향이 높고 저관여 쇼핑형과 경제성 쇼핑형은 계획구매와 관련이 있는 것으로 나타났다.

신수아와 이선재(1998) 백화점 카드 소지자의 의복 구매 행동에 관한 연구에서 소비자의 쇼핑성향을 유행 추구 성향, 경제성 추구 성향, 편의 추구영향의 3가지 요인으로 분류하였다. 유행추구 성향은 낮은 연령 대에서 높게 나타났고 백화점 카드 사용에 긍정적이었으며 가격에 덜 민감했다. 경제성 추구 성향은 연령대가 높을수록 강

하게 나타났고 편의 추구성향 집단ㄷ과 한계 백화점 카드사용에 대
해 부정적이었다.

차승희와 이선재(1999)는 소비자의쇼핑성향과 점포 분위기에 따른
정서적 반응이 충동구매에 미치는 영향에 관한 연구에서 의복쇼핑
성향을 쾌락적 성향, 신중·경제적 성향, 인적·점포 충성적 성향, 유
행 추구적 성향, 쇼핑에 대한 자신감으로 나누었다. 충동구매 시 영
향을 미치는 자극과의 관계에서 쾌락적 쇼핑성향과 유행 추구적 쇼
핑성향을 가진 사람은 감성적 자극에 많은 영향을 받는 것으로 나타
났고, 쇼핑에 의한 자신감을 가진 사람은 감성적 자극에 의해 영향
을 받지 않는 것으로 나타났다. 인적, 점포 충성적 쇼핑성향과 유행
추구적 쇼핑성향을 가진 사람은 구매 시 환경적 자극에 의해 영향을
받는 것으로 나타났다. 신중, 경제적 쇼핑성향을 가진 사람은 충동구
매 시 실용적 제품 자극에 의해 영향을 받지 않는 것으로 나타났다.

안민영(1999)은 사이버 쇼핑 이용자의 의류 쇼핑성향과 제품의 구
매의도와 평가 기준을 밝히는 연구에서 20~30대의 성인 남·여를
대상으로 하여 의류쇼핑성향을 쾌락 추구성, 시간 절약성, 편의성,
독자성, 경제성의 5가지로 구분하였다. 쾌락추구성과 시간절약성이
전체의 33%를 나타내었다. 여성이 쾌락적 쇼핑의 특성이 많고, 남성
은 쇼핑에 시간 절약성을 나타냈다.

4. 개인적 쇼핑성향

소비자들의 쇼핑 성향에 관현 연구는 주로 쇼핑의 편의성(convenience-
oriented)과 오락성(recreation-oriented), 경제성(economic-oriented)의 측면
에서 이루어졌다. [Donthu & Garcia, 1999; Eastlic & Lotz, 1999; Hairong,
Cheng, & Martha, 1999; Javenpaa, Todd, & Crisp, 1997; Kim, Cho, &

Rao, 1999; Swaminathan, White, & Rao, 1999]

연구에서는 시간 지향성(time-orientation)을 포함한 편의성에 관한 것은 지지를 얻었으나 오락성(enjoyment) 및 가격 지향성(price-orientation)에 관한 연구는 유의미한 수준의 결과를 얻는 데에 실패하거나 몇몇 연구에서는 부정적인 관계가 보고 되었다.

(1) 소비자들의 편의적 쇼핑성향

편의성은 인터넷 쇼핑이 제공하는 가장 큰 강점이다. 인터넷을 통해 소비자들은 24시간 언제나 편한 시간에 제품에 대한 정보를 얻을 수도, 직접 구매를 행할 수도 있다.

Darian(1987)은 집에서 쇼핑을 즐기는 사람들(in-home shoppers)이 지각하는 편의의 다섯 가지 유형을 다음과 같이 정의하였다. 1) 쇼핑 시간의 단축, 2) 쇼핑 시간의 유연성(flexibility), 3) 상점을 방문하는 물리적 노력의 절약, 4) 신경 소비의 절약, 5) 광고에 반응하는 등 충동구매의 기회.

인터넷 쇼핑이 집에서 쇼핑을 즐길 수 있는 새로운 대안 채널인 점을 감안할 때, 소비자들은 이와 같은 이점들을 얻을 수 있을 것으로 보인다. Jarvenpaa and Todd(1996)는 인터넷 쇼핑이 이용의 용이함과 주문 및 취소의 편리성을 지닌다고 주장하였다. KNP, 인터넷 매트릭스 등의 거의 모든 실증 연구들에서도 인터넷 쇼핑의 가장 큰 강점이 정보검색, 제품구매 및 취소의 편리함인 것으로 밝혀졌다.

Hairong, Cheng, and Martha(1999) 와 Donthu and Garcia(1999), Swaminathan, White and Rao(1999)는 높은 편의적 쇼핑성향을 지닌 응답자들에게서 더 높은 인터넷 쇼핑몰을 통한 구매경험이 있음을 발견하였으며, Eastlick and Lotz(1999)는 온라인 구매의향에서 이들 간의 정적인 상관관계를 입증하였다.

같은 맥락에서 Kim, Cho, and Rao(1999)는 응답자들의 라이프스타일에 따른 인터넷 쇼핑의 편익(benefit) 및 위험(risk) 지각을 조사하였는데, 시간을 중요하게 여기는 사람들(time-oriented)이 인터넷 쇼핑의 편익을 높게 지각, 위험을 낮게 지각함을 밝혔다. 시간을 중요하게 여기는 것 또한 앞에서 언급한 Darian의 정의에서 서첨 일종의 편의라고 할 수 있다.

그러나 쇼핑 행위 자체에 관한 소비자들의 태도는 사람마다 다르므로, 인터넷 쇼핑의 편의성을 이점으로 지각하는 정도 또한 사람에 따라 다르다. 즉, 쇼핑하는 데에 보내는 시간 및 노력을 아깝게 여기며, 좀 더 편리하게 쇼핑하고 싶어 하는 사람일수록 실용적 쇼핑가치를 통해 쇼핑만족을 느낄 것으로 예상된다.

(2) 소비자들의 오락적 쇼핑성향

쇼핑행위는 어떤 사람들에게 있어 매우 중요한 동시에 즐거운 활동일 수 있으나, 그렇지 않을 수도 있다. 이러한 전반적인 쇼핑에 대한 태도는 소비자 행동을 결정하는 데에 있어서 결정적인 변인으로 여겨져 왔다. [Darden & Howell, 1987], 인터넷 쇼핑에 관한 최근 연구에서 쇼핑행위에 대한 즐거움 (enjoyment)은 가장 중요한 쇼핑성향인 것으로 설명된다. [Jarvenpaa, Todd, & Crisp, 1997]

즐거움을 추구하는 오락적 성향의 소비자(recreational shopper)들은 쇼핑을 즐겁고 자유로운 레저 활동이라고 여긴다. [Bellenger & Korgaonkar, 1980]이는 언뜻 위의 가설에서 언급한 직접 마케팅 및 인터넷 쇼핑의 평의성과 상반되는 측면으로 여겨질 수 있으며, 곧 쇼핑의 즐거움을 추구하는 소비자들이 인터넷 쇼핑에 대해 부정적인 태도 및 구매의향을 보일 것으로 단순히 단정 지을 수 있다.

직접 마케팅에 관한 기존 연구들은 대부분 이러한 시각에서 쇼핑행위에 대한 태도와 직접 마케팅 쇼핑 구매의향과의 부적 상관관계를 밝히고자 하였다. [Darian, 1967; Jaspar & Lan, 1992]그러니 이러한 시각에서 출발한 몇몇 연구는 유의미한 결과를 얻는 데에 실패하였으며, 오히려 이와 반대되는 결과를 얻었다. Shim and Drake(1992)와 Gahrt and Carter(1992)는 카탈로그와 같은 직접마케팅 채널을 이용하는 데에 있어서 소비자들이 따로는 효율성을 추구하는 반면, 때때로 오락적이고 즐거운 가치를 추구한다고 주장하였으며 이 간의 상관관계를 검증하였다.

이에 관한 인터넷 쇼핑 채널에 관한 연구는 서로 상반된 연구결과를 보인다. 기존의 연구들이 인터넷 쇼핑 이용자들을 오락적 성향을 지녔다고 한 데에 반해, Jarvenpaa, Todd, and Crisp(1997), Hairong, Cheng, and Martha(1999), Donthu and Garcia(1999), Eastlick and Lotz(1999) 등은 이러한 오락적 쇼핑성향과 인터넷 쇼핑 구매경험 및 구매의향 간의 관련성을 밝히는 데에 실패하였다. 따라서 인터넷 쇼핑을 대상으로, 개인의 오락성향과 이용자 구매 간의 관계를 밝히는 연구가 추가적으로 요구된다고 하겠다.

인터넷 쇼핑의 즐거움은 Hoffman and Novak(1997)이 제안한 'flow'의 개념에서 이해될 수 있다. 'flow'란, 이용자들이 인터넷상에서 깊이 관여되면서 시간과 공간을 초월한 원격 실제감(tele-presence)을 의미하는 것으로, 이용자들은 재미와 즐거움을 느낀다는 것이나, 이러한 컴퓨터와의 상호작용 경험을 통해 인터넷 쇼핑 이용자들은 오프라인에서 마찬가지로 쇼핑의 즐거움을 경험한다.

최근 인터넷 쇼핑몰은 과거에 비해 훨씬 진보한 정보 검색 및 선택의 다양성, 동영상 제품시연, 제품정보교환, 이벤트 행사 등의 오락적 요인들을 제공하고 있으며, 이는 쇼핑의 즐거움을 추구하는 소비자들의 더 높은 구매의향을 끌어낼 수 있는 기체로 작용한다. KNP의 2002 인터넷 이용자 조사 세미나에 따르면, 구매와 상관없이 인터넷 쇼핑몰을 일주일에 한번이라도 방문한다는 응답이 전체의 86.9%로 매우 높게 나타나 이를 뒷받침한다.

본 연구는 이러한 맥락에서 쇼핑의 즐거움을 추구하는 성향을 지닌 소비자들이 편의적 쇼핑가치보다 쾌락적 쇼핑가치를 통해 쇼핑만족을 보일 것으로 예측하였다.

(3) 소비자들의 경제적 쇼핑성향

가격 지향성(price orientation)이란, 소비자가 제품을 구매하는 데에 있어서 가격을 얼마만큼 중요하게 생각하는가를 의미한다. 이러한 개인의 가격 중요도가 인터넷 쇼핑몰 구매에 영향을 미치는가 하는 것에 관한 기존 연구들의 조사결과는 여러 연구들에서 상이하다. 대부분의 연구들은 소비자들의 경제적 쇼핑성향이 인터넷 쇼핑몰에 대한 태도 및 구매의향과 긍정적으로 유의한 관련성이 있을 것으로 예상하였으나, 몇몇 연구는 예상과 달리 유의미한 관계를 발견하지 못했다.

Aiba 등(1997)은 인터넷을 통한 정보탐색 비용(search cost)의 절감으로 인터넷 쇼핑인 가격경쟁력을 가지게 된다고 주장하였다. 그러나 Hairong, Cheng, and Martha(1999)와 Donthu and Garcia(1999)는 경제적 쇼핑성향 및 가격 민감성(price consciousness)과 인터넷 쇼핑 구매의향 간 관련성에 관한 가설 검정에 실패하였다. Kim, Cheng, and Rao(1999)의 연구에서도 가격 지향적 소비자가 인터넷 쇼핑몰에 대해 긍정적으로 인식하는 것으로 나타났으나 그 수준이 유의미하지 못하였으며, Eastlicks and Lotz(1999)는 오히려 경제적 쇼핑 성향과 인터넷 쇼핑이용 간의 부적 관련성이라는 가설과 반대되는 결과를 얻었다.

이러한 연구결과의 불일치는 기존의 직접 마케팅 채널에 대한 연구와 일관된 것으로, 직접 마케팅에 관한 연구에서도 몇몇 연구는 이 둘 간의 정적 관련성을 발견하였으나 [Croft, 1998]다른 연구에서는 그렇지 못했다. [Korgaonkar & Smith, 1986; Reynold, 1974]

그러나 가격은 온라인 쇼핑에 있어서 가장 중요한 특성이다. [Kim, Cho, & Rao, 1999]. 앞에서 보았듯이, KNP(2002) 리포트, Forrester Research(1999) 조사를 비롯한 여러 실무 연구에서 인터넷 쇼핑 이용의 가장 큰 강점은 가격 경쟁력인 것으로 나타났다.

즉, 인터넷 쇼핑 이용자들에게 가격이 중요한 이용 동기이며, 이에 대한 결과가 향후 인터넷 쇼핑몰 운영에 있어서 중요한 변인으로 작용할 수 있을 것으로 보아 이를 본 연구에 포함하였다.

〈표 2-7〉 개인적 쇼핑성향에 대한 관련 연구 문헌

요 인	세 부 요 소	연 구 자
편의적 쇼핑성향	- 편하게 쇼핑하는 것이 좋은 정도 - 쇼핑을 할 때, 시간을 절약하는 것이 매우 중요한 정도. - 편리한 교통이 쇼핑에 있어서 매우 중요한 정도 - 마음에 드는 이미지나, 분위기의 점포를 발견하면 계속 그 점포를 이용하는 정도 - 제품 정보를 모으는 데에 많은 시간을 보내는 정도.	Jarvenpaa & Todd(1996) Darian(1987) Hairong, Cheng, & Martha(1999) Donthu & Garcia(1999) Swaminathan, White, & Rao(1999) Eastlick & Lotz(1999) Kim, Cho, & Rao(1999)
오락적 쇼핑성향	- 쇼핑이 중요한 취미 활동이라고 생각하는 정도. - 기분이 안 좋을 때, 쇼핑을 하면 기분이 좋아지는 정도. - 윈도우 쇼핑을 즐기는 정도. - 쇼핑은 나에게 즐겁고 신나는 정도 - 옷을 사는 것 자체가 즐거움인 정도	Darden & Howell,(1987) Jarvenpaa, Todd, & Crisp(1997) Bellenger & Korgaonkar(1980) Darian(1967) Jaspar & Lan(1992) Jarvenpaa, Todd, & Crisp(1997) Hairong, Cheng, & Martha(1999) Donthu & Garcia(1999), Eastlick & Lotz(1999)

요 인	세 부 요 소	연 구 자
경제적 쇼핑성향	-비교적 저렴한 제품을 구매하려는 성향 -옷을 살 때 주로 세일이나 할일 쿠폰을 이 용하는 정도 -쇼핑할 때 주로 예상했던 비용 내에서만 지출하는 정도 -제품을 구매할 때 경쟁브랜드와 가격을 비 교해 보는 정도 -쇼핑을 할 때, 미리 예산을 정해둠 -값싼 제품을 사기 위해 기꺼이 많은 시간 을 투자하는 정도 -할인 판매점등 값싸게 살 수 있는 점포를 이용하는 정도	Eastlicks & Lotz(1999) Hairong, Cheng, & Martha(1999) Donthu & Garcia(1999 Kim, Cheng, & Rao(1999) Korgaonkar & Smith (1986) Reynold(1974) Kim, Cho, & Rao(1999)

제4절 쇼핑가치에 대한 고찰

소비자들이 제품을 구매하는 이유는 제품의 근원적인 기능뿐만 아니라 제품이 의미하는 것을 획득할 수 있기 때문이라고 Gardner and Levy(1995)는 주장하였다. 즉, 소비자는 제품의 내적인(Intrinsic) 효익뿐만 아니라 자신의 라이프스타일(Lifestyle)과 일치되는 상징적인 의미를 구매하여 자아나 정체성을 사람들에게 표현하고자 한다는 것이다. 따라서 Gardner and Levy(1995)는 가치를 개인의 삶에서 행동을 지배하는 강력한 힘이라고 주장하였다.

가치의 의미는 개인적 가치와 소비자 행동분석에서의 가치의 의미로 구분해 볼 수 있다. 먼저 개인적 가치란 우리들의 일상생활에서 크고 작은 일들에 대한 결정을 내릴 때 작용하는 판단기준이라 할 수 있다. 또한 소비자 행동분석에서의 가치란 개인들이 어떻게 행동

할까를 말해주는 표준이며 어떤 태도를 지켜야 하는가를 알려주는
기준이기도 하다. [임종원, 김재일, 홍성태, & 이유재 2000]

소비자 행동의 예측지표로서 소비자들이 중요시하는 가치는 무엇
이며 어떻게 측정할 것인지에 대한 연구가 많이 이루어졌다.

가치에 대한 연구로는 첫째, 문화적 배경(cultural milieu)을 분석하
여 소비자의 가치를 유추해내는 방법으로 '문화 추론법'이 있고, 둘째,
소비자가 제품에 대해 가지고 있는 지식의 구조를 속성, 결과, 가치라
는 3단계로 파악하는 접근법인 수단-목적 사슬 분석법(means-end
chain analysis)이 있다. 셋째, 설문조사법으로 추상적인 특성을 갖고
있는 인가의 가치체계를 측정하는데 가장 많이 이용되는 척도로 로카
치 가치조사(Rokeach Value Survey)와 Kahle의 LOV(List of Values)가
있다. 이 외에 VALS(Value and Life Style)이 있다. 그러나 이러한 관
점에서의 가치연구는 소비자의 소비행동의 여러 측면에 영향을 미치
는 거시적(macro) 관점에서 파악하는 것이다.

가치에 대한 정의 설정을 위한 노력들은 그 동안 광범위한 분야
에서 지속적으로 시도되어 왔다.

본 연구에서는 이러한 가치를 미시적인 관점으로 쇼핑의 측면에서
접근하고자 한다. 소비자는 쇼핑경험에 의하여 의도한 목적을 성공
적으로 달성하고 혹은 즐거움, 기쁨을 누림으로써 가치를 실현할 수
있다. 따라서 쇼핑가치는 다차원성을 가지며, 구체적으로 제품획득
(과업관련)의 측면과 쾌락경험의 측면을 가지고 있다. 즉 소비자들의
쇼핑행동은 자신이 원하는 제품을 획득하기 위한 "과제 지향적 쇼
핑"과 즐거움을 얻기 위한 "경험적 쇼핑"으로 생각해 볼 수 있다.

기존의 몇몇 연구들(Belk 1987; Fischer and Arnold 1990; Sherry
1990)은 쇼핑경험이 실제로 실용가치 및 쾌락가치를 발생시킬 수 있
다는 것을 인정하였다. 따라서 쇼핑가치와 관련된 연구를 하기 위해
서는 실용적 쇼핑가치와 쾌락적 쇼핑가치를 모두 측정할 필요가 있

다. [이학식, 김영, & 정주훈, 1999]

Babin, Darden, and Griffin(1994)은 쇼핑가치를 실용적 쇼핑가치와 쾌락적 쇼핑가치로 구분하여 개념화하고 측정도구를 개발하였다.

1. 실용적 쇼핑가치

쇼핑가치와 관련된 대부분의 기존 연구들은 쇼핑의 실용적 측면에 중점을 두고 있다. [Bloch & Bruce 1984]실용주의적 소비자들은 쇼핑을 통해 자신이 계획했던 목적을 성공적으로 달성했을 때 쇼핑의 가치를 인식하게 된다. 그러므로 실용적 쇼핑가치(Utilitarian Shopping Value)를 중요시하는 소비자들의 구매행동은 논리적이며 합리적인 구매의사결정을 위해 쾌락주의적인 소비자들에 비해 상대적으로 많은 정보탐색과정을 거친다. [Bloch & Richins, 1983]

따라서 실용적 가치는 쇼핑을 "일(work)" 또는 "심부름(errand)"으로 규정하고 반드시 완수하여야 할 목적으로 인식하는 것이다. 이것은 Hirschman and Holbrook(1982)이 표현한 "쇼핑의 어두운 측면(dark side of shopping)"과 관련이 있다. [이학식, 김영, & 정주훈, 1999]

2. 쾌락적 쇼핑가치

쾌락적 쇼핑가치(Hedonic Shopping Value)는 실용적 쇼핑가치에 비해 보다 주관적이고 개인적이며, 이러한 쾌락적 쇼핑가치를 지닌 소비자들은 특정한 목적의 성취보다는 재미와 즐거움을 통해 쇼핑의 가치를 지각하게 된다. [Hirschman & Holbrook, 1982]따라서 쾌락적 가치는 쇼핑의 잠재적인 즐거움 및 정서적인 가치(Emotionan Worth)를 만

영하여 쇼핑을 통해 자유로움을 느끼고 환상적인 기분과 해방감을 느끼게 되는 경험을 제공한다. [Bloch & Richins, 1983; Holbrook & Hirschman, 1982]

Sherry(1990a)는 때때로 쾌락적 가치를 추구하는 소비행동이 단순히 제품의 획득만을 위한 쇼핑행위보다 훨씬 중요한 의미를 지닐 수 있음을 밝혔다. Ethnographic 접근방식을 통해 쇼핑행위에 관한 탐색적 연구를 진행한 유창조와 김상희(1994) 역시 소비자가 특정 매장을 선호하게 되거나 특정 매장에서 많은 구매를 하는 이유를 단순히 제품구색, 매장의 위치, 제품의 품질, 서비스 등과 같은 실용적 가치 영향요인들에 의해 설명하기에는 부족하다는 점을 지적하고 소비자가 매장에서 느끼는 흥미, 즐거움 또는 환상(Fun, Pleasure and Fantasties) 등이 쇼핑행위 자체뿐만 아니라 매장에 대한 태도 형성에도 큰 영향을 미친다고 주장하였다. 이러한 쾌락적 쇼핑가치는 Hirshman and Holbrook(1982)이 표현한 "쇼핑의 유희적인 측면(fun side of shopping)"과 관련지을 수 있다.

〈표 2-8〉 쇼핑가치에 대한 관련 연구 문헌

요 인	세 부 요 소	연 구 자
쾌락적 쇼핑가치	-나에게 있어서 인터넷 쇼핑이 즐거운 경험인 정도 -제품의 구매와 상관없이 인터넷 쇼핑은 그 자체로서 즐거운 정도 -쇼핑을 하면서 나는 모험을 하는 것과 같은 느낌 정도. -나는 인터넷 쇼핑을 통해 일상에서 탈출한 것과 같은 느낌 정도 -나는 흥미로운 신제품들이 있으면 나에게 필요 없는 제품이더라도 탐색을 하면서 재미를 느끼는 정도 -의무적이 아니라 내가 원해서 즐기기 위해서 쇼핑 정도 -다른 일에 비해 쇼핑이 즐거운 정도	Hirschman & Holbrook(1982) Bloch & Richins (1983) Holbrook & Hirschman(1982) Sherry(1990) 유창조 & 김상희 (1999)

요 인	세 부 요 소	연 구 자
실용적 쇼핑가치	- 나는 인터넷 쇼핑몰을 탐색하는 동안 내가 찾으려고 했던 바로 그 제품만을 찾는 정도 - 인터넷 쇼핑을 통해 내가 계획했던 일을 성취할 수 있는 정도 - 인터넷 쇼핑은 원하는 제품을 편리하고 신속하게 구매할 수 있도록 해줌. - 나는 쇼핑을 합리적이고 영리하게 한다고 생각 정도 - 방문했던 인터넷 쇼핑몰에서 원하는 것을 찾지 못해 다른 사이트를 찾아가야 할경우 실망감이 드는 정도. - 나는 인터넷 쇼핑을 통해 적은 노력으로 만족할 만한 제품을 찾아내는 정도 - 나는 인터넷 쇼핑을 통해 마음에 드는 제품을 구매 하게 될 때, 쇼핑이 성공적이라고 느끼는 정도	Bloch & Richins (1983) Bloch & Bruce (1984) 이학식, 김영, & 정주훈,(1999) Hirschman & Holbrook(1982)

제5절 소비자 만족에 대한 고찰

1. 소비자 만족에 대한 이론적 연구

소비자 만족(consumer satisfaction)의 정의는 학자들(Hoeard and Sheth, 1969; Hunt, 1997; westbrook and Reilly, 1983; Tse and Wilton, 1988; Yi. 1990; 이유재, 1997; Oliver, 1997)에 따라 차이를 보이며, 그 측정에 있어서도 서로 다른 측정도구를 사용하고 있다. 소비자만족에 대한 연구는 크게 나누워 소비자만족을 소비경험의 결과로 보는지, 아니면 소비경험과 과정에 대한 소비자의 평가로 보는

지에 따라 개념 정의에 차이가 있다.

소비자만족을 소비경험의 결과로 보는 입장을 살펴보면, 소비경험에 대한 심리적 상태를 인지적 측면과 정서적 측면 중 어느 측면에 보다 초점을 맞추느냐에 따라 인지적 측면에 입각한 정의 [Howard & Sheth, 1969]와 정서적 측면에 입각한 정의 [Westbrook, 1980; Oliver, 1981; Westbrook & Reilly, 1983; Tse & Wilton, 1988]로 구분된다.

소비자만족을 인지적 반응으로 보는 관점에 의하면, 소비자 만족은 구매자가 치른 대가의 보상에 대한 소비자의 판단이라고 정의된다. 즉, 소비자 만족이란 소비자들이 특정 소비경험을 특정 기준에 따라 다양하게 내리는 평가로서 감정의 측면이 배제된 것이다. 이에 반하여 정서적 반응으로 소비자만족을 이해하는 입장에서는 소비자만족을 다양한 인지적 처리과정 후 형성되는 정서적 반응(emotional response)이라고 정의한다.

즉, 만족은 단지 인지적 현상만은 아니며, 거기에는 소비자가 주관적으로 만족과 관련되어 느끼는 좋은 느낌과 불만족과 관련되어 느끼는 나쁜 느낌 등의 감정 또는 느낌의 요소 또한 포함된다고 함으로써 소비자 만족이 단순히 제품 혹은 제품의 사용과정에 대해서 내리는 인지적 평가에만 한정되는 것이 아니라 전반적인 소비경험을 통한 감정적 평가를 포함하는 것이라고 그 정의를 확대하고 있다. [Westbrool, 1980; Oliver, 1981]

소비자만족을 소비 경험과 과정에 대한 소비자의 평가로 보는 입장에서는, 소비자 만족을 "소비경험의 즐거움을 의미하는 것이 아니라, 그 소비경험이 최소한 생각했건 것만큼은 좋았다는 것에 대해 부여되는 평가" [Hunt, 1977]라고 정의함으로써 결과보다는 만족에 이르는 과정에 더 중점을 두며, 이 때 평가란 일반적으로 인지적 평가에 주안점을 둔다. Engel and Blackwell (1983)역시 "선택된 대안

(alternative)이 그 대안에 대해 가지고 있던 사전 신념과 일치하는지
에 대한 평가"라고 소비자만족을 정의함으로서 소비자만족을 소비경
험의 결과가 아닌 소비경험에 대한 소비자의 평가로 보고 있다.

Tse and Wilton(1988)도 "소비자가 제품에 대해 사전적으로 가지
고 있던 기대(또는 규범)와 소비 후 지각된 것과 같은 실제 제품성
과간의 지각된 차이 평가에 대해 소비자들의 반응으로 정의하는 것
이 일반적이라고 하였다.

Yi(1990)는 소비자 만족의 개념을 정의하는데 있어 과정에 보다
주안점을 두는 과정 지향적 접근법(process-oriented approach)이 결과
에 주안점을 주는 결과 지향적 접근법(result-oriented approach)에 비
해 소비경험의 전체를 다루고 또한 만족에 이르게 되는 과정을 지적
해 준다는 점에서 보다 더 유용한 접근법이라고 하였다.

그러나 최근 만족의 개념을 인지적 판단과 정서적 반응의 결합으
로 보는 관점(dlengml, 1995; Oliver, 1997)이 대두되고 있다. 소비자
만족을 인지적 판단과 정서적 반응의 결합으로 보는 입장에서는 소
비자 만족을 소비자의 충족상태에 대한 반응으로서 제품 / 서비스의
특성(product or service feature)또는 소비에 대한 충족상태를 유쾌한
수준에서 제공하거나 혹은 제공하였는가에 대한 판단인 것으로 보고
있다. [Oliver, 1997]

본 연구에서는 인터넷 쇼핑몰에 대한 소비자선호요인에 따라 만족
도가 어떻게 형성되는지를 파악하는 것이 목적이므로 소비자 만족을
소비과정과 경험에 대한 소비자의 종합적인 평가로 보고자 한다. 즉,
본 연구에서 소비자 만족은 "인터넷 쇼핑을 통한 특정 제품의 구매
경험의 결과가 어느 정도 긍정적인 성과를 가져왔으며, 인터넷 쇼핑
경험에 대한 소비자의 정서적 충족감은 어느 정도인지를 포함하는
소비경험에 대한 소비자의 종합적 평가"로 정의하고자 한다.

2. 소비자 만족의 영향요인 연구

최근 들어 인터넷쇼핑을 이용하는 소비자의 다양한 구매의사결정 과정과 그에 따른 구매만족도에 영향을 미치는 변수가 무엇인지를 찾아내려는 연구들이 시도되고 있다. [김사용 & 박성용, 1999; 김훈 & 권순일, 1999; 사공혜숙 외, 2000; 채영일, 1999; Jarvenpaa & Todd, 1997; Lohse & Bellman, 1999]그러나 변수들 간의 인과관계를 실증적으로 검증한 연구는 많지 않으며 초기의 연구들에서 제안된 인터넷 관련 변수들과 소비자의 고유한 특성과 관련되는 변수들이 인터넷 쇼핑에 대한 소비자 만족에도 영향을 미칠 것이라고 논의되고 있다.

Swarmilatian외 (1999)은 소비자가 인터넷 쇼핑을 이용하는데 영향을 미치는 요인으로서 판매자 특성(vendor characteristics), 보안장치 (security tran-sactions), 프라이버시에 대한 염려(concern for privacy), 소비자특성(custom

er characteristics)의 네 가지를 들었다. 특히 소비자특성과 인터넷 쇼핑 이용과 관련이 있는 것으로 보고하거나, 있을 것임을 제언하고 있다. [Lohse & Belhal, 1999; 이두희 & 한영주, 2000; 한상린, 박천교, & 강회일, 1998; 채영일, 1999]

Jarvenpaa and Todd(1997)는 제품인식(product perceptions), 쇼핑경험(shopping experience), 고객서비스(customer service), 지각된 소비자 위험(perceived customer risk)등이 웹에서의 인터넷쇼핑에 대한 소비자 반응에 영향을 미칠 것이라고 제안하고 있다. 첫째, 제품인식(product perceptions)은 가격, 품질, 제품구색의 다양성으로 이루어져 있으며, 둘째, 쇼핑경험(shopping experience)은 노력(effort), 양립성(compatibility), 즐거움(playfulness)의 세 가지 요인으로 이루어져 있다. 노력이란 소비

자가 쇼핑을 위해 들이는 노력을 얼마나 최소화 할 수 있는가의 의미이
며, 양립성은 소비자의 라이프스타일과 쇼핑 습관이 인터넷쇼핑과 잘
부합될 수 있는가의 여부를 의미한다. 즐거움이란 Novak and Hoffman
이 제안하는 flow의 개념에 근거를 둔 것으로서, 컴퓨터와 상호작용 속
에 소비자가 경험하게 되는 심리적 최적감을 의미한다. 셋째, 고객서비
스(customer service),는 반응성(responsiveness), 보증성(assurance), 신뢰
성(reliability), 확실성(tangibility), 공감(empathy)요인으로 구성된다. 마
지막으로 지각된 소비자 위험(perceived customer risk)은 경제적 위험
(gnomic risk), 사회적 위험(social risk), 기능적 위험(performance risk),
개인적 위험(personal risk), 프라이버시 위험(privacy risk)으로 이루어진
다. 그러나 이들의 연구에서는 연구모형을 명확히 하고 변수간의 인과
관계를 실증적으로 검증하지 않음으로써 제안한 변수들의 타당도와 신
뢰도를 검증해 보이지 못하는 아쉬움을 남긴다.

채영일(1999)은 인터넷 쇼핑에 대한 소비자 만족에 영향을 미치는
요일은 경쟁력 요인, 심리적 요인, 편의성 요인, 위험 요인의 네 가
지 요인으로 구분하였는데 경쟁력 요인은 가격, 제품의 품질, 표현성
의 세 가지 항목으로 구성되는 것으로 Jarvenpaa and Todd의 제품인
식변수와 유사한 요인이라고 할 수 있다. 심리적 요인은 오락성, 확
신성, 생활패턴의 세 가지 항목으로 구성되는데 이는 역시 Jarvenpaa
and Todd의 쇼핑경험변수와 유사한 형태를 띠고 있다. 편의성 요인
은 다양성, 응답성, 탐색노력의 세 가지 항목으로 이루어지며 이것은
고객서비스 혹은 쇼핑경험과 유사한 개념으로 볼 수 있다.

한편 김훈과 권순일(1999)은 소비자의 인적 특성 중 특히 소비자
의 라이프스타일에 따라 구매의사결정에 차이를 보일 것이라는 가설
을 설정하고 실증 조사를 통해 이를 검증하였다. 그러나 이론적 배
경과 선행연구들이 제안하는 가설의 가능성에도 불구하고 실제 일부
를 제외하고는 라이프스타일에 따른 차이가 통계적으로 유의하게 나

타나지 않음 으로써 연구의 한계를 드러내고 있다. 이들의 연구결과
를 통해 일반적으로 소비자의 인터넷 쇼핑 이용과 그에 따른 소비자
만족도에 영향을 미칠 것 이라고 생각했던 변수들이 상황에 따라 그
렇기 않을 수도 있음을 알 수 있게 되었으며 이는 변수선정이 보다
세심하고 구체적인 근거에 의해 검증되어야 함을 시사한다고 할 수
있을 것이다.

〈표 2-9〉 소비자 만족도에 대한 관련 연구 문헌

요 인	세 부 요 소	연 구 자
소비자 만족도	- 쇼핑몰에서 구매한 제품 / 서비스에 만족하는 정도 - 현재 이용하는 인터넷 쇼핑몰을 다른 사람에게 추천 하고 싶은 정도. - 구매 후 만족하여 인터넷 쇼핑몰을 더 자주 방문하는 정도. - 현재 이용하는 인터넷 쇼핑몰에 만족하여 다음에도 계속 이용하고 싶은정도.	Westbrook(1980) Oliver(1981) Westbrook & Reilly(1983) Tse & Wilton(1988) Hoeard & Sheth(1969) Hunt(1997) Westbrook & Reilly(1983) Tse & Wilton(1988) Yi(1990) 이유재(1997) Oliver(1997) 김사용 & 박성용(1999) 김훈 & 권순일(1999) 사공혜숙 외, (2000) 채영일(1999) Jarvenpaa & Todd, (1997) Lohse & Bellman,(1999)

제 3 장 연구가설 및 연구설계

제1절 연구 가설의 설정

1. 인터넷 쇼핑몰 사이트 특성과 쇼핑가치와의 관계

선행연구를 통해 변수의 조작적 정의에서 인터넷 쇼핑몰 사이트의 특성을 지각된 규모, 지각된 평판, 지각된 보안통제, 디자인, 콘텐츠 및 서비스 기술의 6가지로 분류하였다.

일반적으로 사이트의 지각된 규모, 평판, 보안통제, 디자인, 콘텐츠, 서비스 기술과 같은 쇼핑몰의 특징에 대한 소비자의 느낌은 쇼핑에 대한 가치를 어떻게 인식하고 평가하느냐에 따라 소비자 만족도에 반영될 수 있다.

따라서, 소비자가 지각하는 쇼핑몰 사이트의 특성은 소비자가 쇼핑에 대한 쾌락적, 실용적 가치를 반영하는 자극 요인이 되며, 소비자가 느끼는 쇼핑에 대한 가치가 중간에 매개되어 소비자 만족도에 영향을 줄 것으로 보인다.

이상과 같은 이론적 근거를 통해 다음과 같은 연구가설을 도출할
수 있었다.

H1: 인터넷 쇼핑몰의 특성이 좋을수록 인터넷 구매자의 쇼핑가치는 높아질 것이다.
H1-1: 인터넷 쇼핑몰의 규모가 클수록 인터넷 구매자의 쇼핑가치는 높아질 것이다.
H1-2: 인터넷 쇼핑몰의 평판이 좋을수록 인터넷 구매자의 쇼핑가치는 높아질 것 이다.
H1-3: 인터넷 쇼핑몰의 보안통제(안전성)가 잘 될수록 인터넷 구매자의 쇼핑가치는
　　　높아질 것이다.
H1-4: 인터넷 쇼핑몰의 서비스 기술이 잘 될수록 인터넷 구매자의 쇼핑가치는 높
　　　아질 것이다.
H1-5: 인터넷 쇼핑몰의 디자인이 잘 될수록 인터넷 구매자의 쇼핑가치는 높아질 것이다.
H1-6: 인터넷 쇼핑몰의 콘텐츠가 좋을수록 인터넷 구매자의 쇼핑가치는 높아질 것이다.

---

2. 개인적 쇼핑성향과 쇼핑가치와의 관계

선행연구를 통해 변수의 조작적 정의에서 개인적 쇼핑성향을 편의
적, 오락적, 경제적 쇼핑성향의 3가지로 분류하였다.

일반적으로 사이버 스페이스가 제공하는 최적 자극 수준에 따라 개
인마다 차이가 존재하고 있으며, 높은 최적 자극 수준을 가진 소비자
는 다양성 추구(variety), 위험선호(risk taking), 탐험적 행동(exploratory
behavior)의 특성을 가지고 있다고 한다. [Hoffman & Novak, 1996]

사이버 스페이스에서 소비자가 갖는 개인의 쇼핑 성향은 주로 쇼핑
의 편의성 (convenience-oriented)과 오락성(recreation-oriented), 경제성
(economic-oriented)의 측면으로 표현될 수 있다. [Donthu & Garcia,
1999; Eastlic & Lotz, 1999; Hairong, Cheng, & Martha, 1999;
Javenpaa, Todd, & Crisp, 1997; Kim, Cho, & Rao, 1999;
Swaminathan, White, & Rao, 1999]

사이버 쇼핑을 통해 소비자의 자아존중, 즐거움, 새로운 경험, 흥분 등의 측면을 형성하므로 개념적으로 쇼핑가치에 영향을 미칠 것으로 보인다. 따라서 쇼핑가치에 중점을 둔 사이버 쇼핑은 소비자 만족도에 영향을 미칠 것으로 보인다.

이상과 같은 이론적 근거를 통해 다음과 같은 연구가설을 도출할 수 있었다

H2: 인터넷 구매자의 개인적 쇼핑 성향이 클수록 쇼핑가치는 높아질 것이다.

H2-1: 인터넷 구매자의 편의적 쇼핑성향이 클수록 쇼핑가치는 높아질 것이다.
H2-2: 인터넷 구매자의 오락적 쇼핑성향이 클수록 쇼핑가치는 높아질 것이다.
H2-3: 인터넷 구매자의 경제적 쇼핑성향이 클수록 쇼핑가치는 높아질 것이다.

---

3. 패션제품의 속성과 소비자 만족도와의 관계

선행연구를 통해 변수의 조작적 정의에서 패션제품의 속성을 제품속성과 가격속성의 2가지로 분류하였다.

인터넷 쇼핑몰 시장의 취급제품에 있어 패션 제품이 다양하고, 초기단계의 우선적 취급제품으로 패션 제품을 선정한 것은 패션제품의 특성이 갖는 제품속성과 가격속성이 있기 때문으로 파악되었다.

따라서 패션제품이 갖는 특성 중 구매태도에 영향을 줄 수 있는 패션제품의 제품속성과 가격속성에 대해 소비자들이 갖는 특성을 측정함으로써 패션제품의 취급이 소비자 만족도와의 관계를 파악할 수 있을 것이다.

이상과 같이 정리를 통해 다음과 같은 연구가설을 도출 할 수 있었다.

H3: 패션 제품의 속성이 클수록 인터넷 구매자의 만족도는 높아질 것이다.

H3-1: 패션 제품의 제품 속성이 클수록 인터넷 구매자의 만족도는 높아질 것이다.
H3-2: 패션 제품의 가격 속성이 클수록 인터넷 구매자의 만족도는 높아질 것이다.

---

4. 쇼핑가치와 소비자 만족도와의 관계

선행연구를 통해 변수의 조작적 정의에서 쇼핑가치를 쾌락적 쇼핑가치와 실용적 쇼핑가치의 2가지로 분류하였다.

쇼핑가치는 쇼핑목적에 따라 중요성이 달라진다. 소비자가 제품을 효율적이고 저렴하게 구매하는데 주안점이 있으면 실용적 가치가 더 중요하게 작용할 것이고, 쇼핑과정에서 느끼는 즐거움에 더 중점을 둔다면 쾌락적 쇼핑가치가 더 중요하게 쇼핑만족에 영향을 줄 것이다.

Eighmey(1997)는 인터넷 사용자는 오락적 가치를 정보 가치보다 더 중시한다고 하였으며, 이학식 외 2인(1999)은 오프라인 점포에서 쾌락적 기대일치가 실용적 기대일치보다 쇼핑만족에 더 큰 영향을 주는 것을 보여주었다. 반면에 이명수 외 2인(2001)은 인터넷 쇼핑의 경험적 측면과 실용적 측면 중 플로우보다는 실용적 가치가 구매의도에 더 많은 영향을 주는 것을 보여주었다. 또한 박철(2000)은 인터넷 사용자가 느끼는 효용적 가치는 쇼핑몰 애호도 증가에 유의한 영향을 주나 쾌락적 쇼핑가치는 아무런 영향을 주지 못한다고 하였다.

이상과 같은 이론적 근거를 통해 다음과 같은 연구가설을 도출할 수 있었다.

H4: 쇼핑가치가 높을수록 인터넷 구매자의 만족도는 높아질 것이다.

H4-1: 쾌락적 쇼핑가치가 클수록 인터넷 구매자의 만족도는 높아질 것이다.
H4-2: 실용적 쇼핑가치가 클수록 인터넷 구매자의 만족도는 높아질 것이다.
H4-3: 인터넷 구매자가 패션제품을 구매 할 때 쇼핑만족에 대한 실용적 쇼핑가치의 영향력이 쾌락적 쇼핑가치의 영향력보다 상대적으로 클 것이다

제2절 연구 모형의 설계

본 연구는 가상공간에서 인터넷 쇼핑몰 사이트 특성, 패션 제품의 속성, 인터넷 구매자 개인의 쇼핑성향이 매개변수인 쾌락적 쇼핑가치와 실용적 쇼핑 가치를 통해 소비자 만족에 미치는 영향을 알아보기 위한 것이다. 따라서 설정된 연구가설에 의해 구성된 연구모형은 <그림 1> 과 같다.

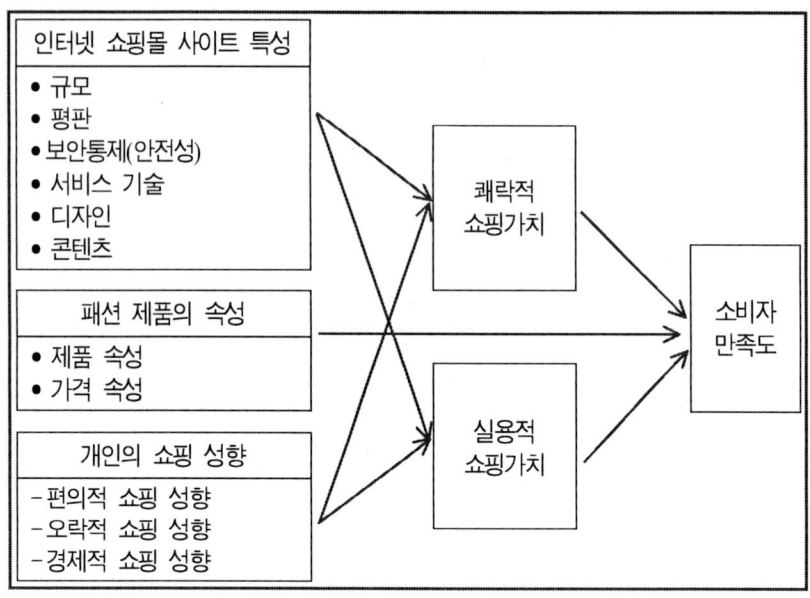

〈그림 1〉 연구 모형

제3절 변수의 조작적 정의

1. 인터넷 쇼핑몰 사이트의 특성

본 연구에서는 인터넷 쇼핑몰 사이트의 특성을 지각된 규모, 지각된 평판, 지각된 보안통제, 디자인, 콘텐츠 및 서비스 기술의 6가지로 분류하여 측정하였으며, 응답자들은 주어진 문항에 대해 찬성정도(매우 그렇다 / 전혀 그렇지 않다)를 5점 척도를 이용하여 측정하였다.

(1) 지각된 규모

사이트의 지각된 규모는 고객이 느끼는 인터넷 쇼핑몰의 규모를 의미한다. [Doney & Cannon, 1997; Chow & Holden, 1997; Jarvenpaa, Tractinsky, & Vitale 2000]의 지각된 규모에 관한 척도를 연구 목적에 맞게 수정, 보완하여 설정된 요인을 기준으로 3개의 항목으로 측정을 실시하였고, 측정항목은 <표 3-1>와 같다.

인터넷 쇼핑몰이 업계에서 큰 공급자에 속하고, 가입회원 수가 많고 취급 품목의 수가 많은 경우에 규모가 크고 볼 수 있다.

〈표 3-1〉 인터넷 쇼핑몰 사이트 특성 〈규모〉

구 분	요 인	측 정 항 목
인터넷 쇼핑몰 사이트 특성	규 모	- 업계에서 큰 공급자에 속한다.
		- 회원 가입자 수가 많다.
		- 취급 품목의 수가 많다.

(2) 지각된 평판

사이트의 지각된 평판은 고객들의 인터넷 쇼핑몰에 대한 평판을 의미한다. [Doney & Cannon 1997; Smith & Barclay, 1997; Chiles & Mcmackin, 1996; Jarvenpaa et al., 2000; Jarvenpaa & Tractinsky, 1999; Anderson & Weitz, 1989; Ganesan 1999; Mcknight et al., 1988]의 지각된 평판에 관한 척도를 연구 목적에 맞게 수정, 보완하여 설정된 요인을 기준으로 4개의 항목으로 측정을 실시하였고, 측정항목은 <표 3-2>와 같다.

이는 인터넷 쇼핑몰이 우수한 쇼핑몰로 인식되거나 인기가 좋은 편에 속하면서 고급 인터넷 쇼핑몰의 이미지를 가지고 있다면 평판이 좋은 편에 속하는 것이다.

〈표 3-2〉 인터넷 쇼핑몰 사이트 특성 〈평판〉

구 분	요 인	측 정 항 목
인터넷 쇼핑몰 사이트 특성	평 판	-우수한 쇼핑몰로 사람들이 인식하고 있다.
		-인기가 좋은 편이다.
		-고급 인터넷 쇼핑몰의 이미지를 가지고 있다.
		-언론에서 많이 접하는 편이고, 사람들에게 잘 알려져 유명하다.

(3) 지각된 보안통제

사이트의 지각된 보안통제는 인증, 암호화 그리고 부인방지와 같은 보안 요구사항을 충족시킬 수 있는 인터넷 쇼핑몰의 능력에 대한 고객의 지각을 의미한다.

[Keeney, 1999; Hoffman & Novak, 1999; 성영신 & 강정식, 2000; Hewett & Bearden, 2001]의 지각된 보안통제에 관한 척도를 연구목적에 맞게 수정, 보완하여 설정된 요인을 기준으로 4개의 항목으로 측정을 실시하였고, 측정항목은 <표 3-3>와 같다.

사이트의 지각된 보안통제는 인증, 암호화 그리고 부인방지와 같은 보안 요구사항을 충족시킬 수 있는 인터넷 쇼핑몰의 능력에 대한 고객의 지각을 의미한다. 인터넷 쇼핑몰에 거래안전을 보장하는 문구나 로고가 존재하고, 결제의 안정성을 보장하거나 해킹 등에 의한 회원의 개인정보가 유출되는 것을 막기 위해 노력하고 암호화와 강력한 서버인증을 기반으로 고객정보에 대한 철저한 보안서비스를 하는 사이트라면 보안통제가 잘된 사이트라 할 수 있다.

<표 3-3> 인터넷 쇼핑몰 사이트 특성 <보안통제>

구 분	요 인	측 정 항 목
인터넷 쇼핑몰 사이트 특성	보안통제	-거래 안전을 보장하는 문구 또는 로고가 존재 한다.
		-결제의 안전성을 보장하는 편이다.
		-지불 결제 시스템 보안을 철저히 하고 있는 것 같다.
		-암호화외 강력한 서비스 인증을 기반으로 고객정보에 대한 철저한 보호서비스를 하고 있는 것 같다.

(4) 디자인

사이트의 디자인은 구입제품의 소개와 화면 구성의 적절한 정도를 의미한다 [Kim & Prabhakar, 2000; 이유재, 1999; 박준철 & 윤만희, 2000; 전정근 & 홍성태, 2003]의 디자인에 관한 척도를 연구 목적에 맞게 수정, 보완하여 설정된 요인을 기준으로 4개의 항목으로 측정을 실시하였고, 측정항목은 <표 3-4>와 같다.

인터넷 쇼핑몰의 제품진열과 모양이 실제로 보는 것처럼 생생하게 되어 있거나, 취급하는 제품과 잘 어울리도록 화면상의 글자나 아이콘이 깔끔하게 만들어져 전체적으로 보기 좋게 만들어져 일관성이 있다면 디자인이 잘된 사이트라 할 수 있다.

<표 3-4> 인터넷 쇼핑몰 사이트 특성 <디자인>

구 분	요 인	측 정 항 목
인터넷 쇼핑몰 사이트 특성	디자인	-상품 진열과 모양이 실제로 보는 것처럼 생생하게 되어 있다.
		-취급하는 상품과 잘 어울리도록 만들어 졌다..
		-화면상의 글자나 아이콘이 깔끔하게 만들어졌다.
		-전체적인 분위기가 시각적으로 보기 좋게 만들어져 일관성 이 있다.

(5) 콘텐츠

사이트의 콘텐츠는 제품의 정보나 평가 등을 제공해 주는 정도를 의미 한다. [손달호 & 임선영, 2001; O'Keefe & Mceachern, 1999; 춘열, 정승렬, & 신길환, 2001]의 콘텐츠에 관한 척도를 연구 목적에 맞게 수정, 보완하여 설정된 요인을 기준으로 5개의 항목으로 측정을 실시하였고, 측정항목은 <표 3-5>와 같다.

인터넷 쇼핑몰에서 양질의 제품 정보와 제품 사진, 동영상 등을 제공하고, 고객이나 전문가들의 제품평가 정보를 제공하는 것은 고객의 쇼핑에 도움을 준다.

<표 3-5> 인터넷 쇼핑몰 사이트 특성 <콘텐츠>

구 분	요 인	측 정 항 목
인터넷 쇼핑몰 사이트 특성	콘텐츠	-양질의 제품 정보를 제공한다.
		-제품에 관한 텍스트(문자) 정보를 제공한다.
		-제품에 관한 사진 정보를 제공한다.
		-제품에 관한 동영상 정보를 제공한다.
		-제공하는 고객이나 전문가들의 제품평가 정보는 나의 쇼핑에 도움을 준다.

(6) 서비스 기술

사이트의 서비스 기술은 인터넷 쇼핑몰에서소비자에게 제공하는 서비스와 고객이 원하는 경우 제공되는 서비스의 정도를 의미한다.

[문남미, 김효근, & 김지성, 2000; 이호배 & 이현우, 2003; Ellison, 1997]의 서비스 기술에 관한 척도를 연구 목적에 맞게 수정, 보완하여 설정된 요인을 기준으로 6개의 항목으로 측정을 실시하였고, 측정항목은 <표 3-6>와 같다.

인터넷 쇼핑몰 사이트의 문자, 이미지, 페이지의 신속한 전환이 이루어지거나, 주문 취소가 쉬우면 서비스 기술이 높다고 할 수 있다. 고객 개개인의 개별적인 관심을 갖고, 개인에게 꼭 맞는 제품을

추천하는 서비스를 제공하면서 제품을 주문하는 방법에 대한 설명도
제공되고, 주문방법에 간단하고 편리하여 고객의 주문을 신속히 처
리하고, 고객이 구매와 관련하여 문의할 경우 즉각적으로 응답하면
서비스 기술이 잘 된 사이트라 할 수 있다.

<표 3-6> 인터넷 쇼핑몰 사이트 특성 <서비스 기술>

구 분	요 인	측 정 항 목
인터넷 쇼핑몰 사이트 특성	서비스 기술	- 문자, 이미지, 페이지의 신속한 전환이 이루어져 편리하다.
		- 주문 취소가 쉬운 편이다.
		- 고객 개개인의 개별적인 관심을 갖고, 개인에게 꼭 맞는 상품을 추진하는 서비스를 제공 한다.
		- 고객의 주문을 신속히 처리 하는 편이다.
		- 소비자가 구매와 관련하여 문의할 경우 즉각적으로 응답한다.
		- 제품을 주문하는 방법에 대한 설명이 잘 제공되고, 주문방법이 간단하고 편리하다

2. 패션 제품의 속성

본 연구에서는 패션제품의 특성을 제품 속성, 가격 속성의 2가지로
분류하여 측정하였으며, 응답자들은 주어진 문항에 대해 찬성정도(매
우 그렇다 / 전혀 그렇지 않다)를 5점 척도를 이용하여 측정하였다.

(1) 제품 속성 측정 도구(Product Attribute Scale: PAS)
제품이란 잠재 고객들의 기본적인 욕구를 충족시키거나 문제를 해
결해 줄 수 있는 모든 수단을 의미하며 제품속성은 소비자가 원하는
제품의 기능을 수행하는데 필요한 제품구성 요소를 의미한다.

[오현정, 1997; 김민수, 2002; 최은영, 2002]의 제품속성에 관한 척도를 연구 목적에 맞게 수정, 보완하여 설정된 요인을 기준으로 6개의 하위 요인으로 구성하였다.

각각의 하위요인은 소재적합성(제품을 구성하는 소재의 사용이 착용 및 용도에 적합하고 제품을 표현하기 위한 느낌, 촉감 등이 어울리는 것) 2항목, 제품구색(제품의 사이즈, 색상, 소재, 관련 제품이 다양하게 갖추어져 있는지에 관한 내용) 4항목, 미적 표현성(의복구성 요소 중 디자인, 색상, 유행성의 반영이 잘 표현되어 전반적인 외적 표현이 아름다운 것) 3항목, 치수 및 품질 표시성(제품의 치수 및 품질 관리에 관한 전반적인 사항에 대한 내용이 정확하게 표시되어 있는가에 관한 내용) 2항목, 의복관리성(의복관리에 대한 시간, 비용 및 제반 발생할 수 있는 제품의 문제사항이 없는지에 대한 내용) 2항목, 의복 착용성(의복의 구성에 관한 상태가 잘 되어 있어 착용이나 활동 시에 편안한 느낌과 착용감등의 내용) 3항목으로 총 17항목으로 측정을 실시하였고, 측정항목은 <표 3-7>와 같다.

패션제품을 구성을 위한 근원적인 속성에 관한 것으로 의복 착용성, 미적 표현성, 소재 적합성, 치수 및 품질 표시, 의복 관리성, 제품구색에 대한 애용으로 소비자가 의복 구매 시 고려하게 되는 속성에 관한 내용으로 구성하였다.

의복은 어느 한 가지 기준으로 평가할 수 없는 다면적이고 복합적인 특성을 가져 의복과 관련된 속성은 다차원적 입장에서 해석되고 이해해야 하기 때문에 일반 소비재와는 다른 새로운 접근방법이 필요하다.

<표 3-7> 패션 제품 특성의 측정항목 <제품속성>

구분	요인		측 정 항 목
패 선 제 품 특 성	제 품 속 성	의복 착용성	-재봉 상태 및 완성 상태가 잘 되어 있다.
			-착용하거나 활동에 편안하다.
			-제품의 치수 및 맞음새가 좋다.
		미적표 현성	-제품의 디자인이 전체적으로 마음에 든다.
			-제품의 스타일이 마음에 든다.
			-유행성이 잘 반영되어 있는 것 같다.
		소재 적합성	-제품의 느낌이 좋고 적합하다..
			-착용에 따른 소재상의 문제가 있는 것 같다.
			-사용된 옷감은 튼튼하고 내구성이 있다.
		의복 관리성	-세탁과 관리에 편리하다
			-세탁 후 변색이나 형태변형 등과 같은 제품 이상이 없다.
		치수 및 품질 포지셔닝	-제품관리 및 치수에 관한 라벨이 정확하게 부착되어 있다
			-사이즈 표시가 정확하다.
		제품구색	-의류제품의 종류가 다양하고 구색이 잘 갖추어져 있다.
			-제품 종류별 사이즈가 다양하게 잘 갖추어져 있다
			-다양한 색상 / 디자인 제품이 구비되어 있다.
			-다양한 디자인의 제품이 많다.

(2) 가격속성 측정도구(Price Attribute Scale: PAS)

어떤 하나의 제품에 대한 가격은 소비자들의 구매심리에 많은 영향을 미치고 이러한 영향력은 제품을 처음으로 대할 때 태도에 있어서도 접근 가능성을 가능케 하는 하나의 수단이 되기도 한다. 이러한 가격은 판매업자로부터 제공받은 재화나 서비스에 대한 구매자가 지급하는 재화나 서비스의 양을 비율로 나타낸 지표라고 하여 가격을 소비자가 지불하는 제품속성에 대한 금전적 가치로 표현하였다. [김원수, 1986]

[Lichtensteine 등, 1993; 진병호, 1998; 현지은, 2000; 송경숙, 2002] 의 가격속성에 관한 척도를 연구 목적에 맞게 수정, 보완하여 설정된

요인을 기준으로 5개의 하위요인으로 구성하였다.

각각의 하위요인은 가격 합리성(상품의 가격이 품질, 서비스, 환경에 비해 저렴하여 가치에 비해 합리적인 소비를 할 수 있는 것) 5항목, 가격 가치성(가격지불에 대한 상품의 가치를 인정하고 이를 가치 있게 생각하는 것) 3항목, 가격 경제성(싸게 의복을 구입하기 위한 활동과 노력에 관한 내용) 3항목, 가격 할인성(점포에서 실시하는 할인이나 할인 폭에 대해 민감하게 생각하여 이를 받아들여 구매에 이용하는 것) 2항목, 가격 정보성(가격에 대한 정보의 보유와 이를 타인에게 전달하는 내용) 2항목으로 총 15항목으로 측정을 실시하였고, 측정항목은 <표 3-8>와 같다.

〈표 3-8〉 패션 제품 특성의 측정항목 〈가격속성〉

구분	요 인		측 정 항 목
패션 제품 특성	가 격 속 성	가격 합리성	-서비스나 매장 환경에 비해 제품이 저렴하다.
			-제품의 이지지나 품질, 매장 분위기에 적당한 가격이다.
			-대체로 제품의 가격이 저렴하여 마음에 든다.
			-싸게 파는 기획 제품이나 행사가 자주 열린다.
			-할인판매를 자주해서 싸게 구입할 수 있는 기회가 많다.
		가격 가치성	-우수한 제품의 옷을 위해서는 보다 많은 가격을 지불하는 것은 당연하다.
			-비싼 가격의 의복의 신뢰감을 준다.
			-가격이 비싸도 마음에 들면 꼭 구입한다.
		가격 경제성	-보다 싼 가격으로 옷을 사기 위해 많은 매장을 다닌다.
			-옷을 싸게 사기 위해 드는 시간과 노력, 돈은 아깝지 않다고 생각한다.
			-옷을 구입할 때 할인 판매기간을 주로 이용하게 된다.
		가격 할인성	-당장 필요는 없어도 점포의 세일 때문에 옷을 산 적이 있다.
			-가격의 할인 폭이 크면 클수록 구입을 많이 하게 된다.
		가격 정보성	-싸게 의복을 구입하는 방법을 다른 사람에게 알려준다.
			-여러 가지 종류의 옷에 관한 가격정보를 많이 알고 있다.

3. 개인적 쇼핑성향

본 연구에서는 개인의 쇼핑성향(shopping orientation)을 편의적 쇼핑성향, 오락적 쇼핑성향, 경제적 쇼핑성향의 3가지로 분류하여 측정하였으며, 응답자들은 주어진 문항에 대해 찬성정도(매우 그렇다 / 전혀 그렇지 않다)를 5점 척도를 이용하여 측정하였다.

(1) 편의적 쇼핑성향

편의성은 제품구매와 정보탐색에 있어 시간적, 공간적 제약에 대한 극복 욕구를 의미한다.

[Darian, 1987; Hairong, Cheng, & Martha, 1999; Kim, Cho, & Rao, 1999; Eastlick & Lotz, 1999; Donthu & Garcia, 1999; 김영숙, 2001; 염인경, 2002]의 편의적 쇼핑성향성에 관한 척도를 연구 목적에 맞게 수정, 보완하여 설정된 요인을 기준으로 5개의 항목으로 측정을 실시하였고, 측정항목은 <표 3-9>와 같다.

<표 3-9> 개인적 쇼핑 성향의 측정항목 <편의적 쇼핑성향>

구 분	요 인	측 정 항 목
개인적 쇼핑성향	편의적 쇼핑성향	- 편하게 쇼핑하는 것이 좋다.
		- 쇼핑을 할 때, 시간을 절약하는 것이 매우 중요하다.
		- 편리한 교통이 쇼핑에 있어서 매우 중요하다
		- 마음에 드는 이미지나, 분위기의 점포를 발견하면 계속 그 점포를 이용한다.
		- 제품 정보를 모으는 데에 많은 시간을 보낸다.

(2) 오락적 쇼핑성향

오락적 쇼핑성향은 쇼핑행위 자체에 대한 즐거움(enjoyment)을 측정하고자 하는 것을 의미한다. [Jarvenpaa, Todd, & Crisp, 1997;

Donthu & Garcia, 1999; Hairong, Cheng, & Martha, 1999; 전유경, 2001; 염인경, 2002; 김영숙, 2001]의 오락적 쇼핑성향성에 관한 척도를 연구 목적에 맞게 수정, 보완하여 설정된 요인을 기준으로 5개의 항목으로 측정을 실시하였고, 측정항목은 <표 3-10>과 같다.

<표 3-10> 개인적 쇼핑 성향의 측정항목 <오락적 쇼핑성향>

구 분	요 인	측 정 항 목
개인적 쇼핑성향	오락적 쇼핑성향	-쇼핑이 중요한 취미 활동이라고 생각한다.
		-기분이 안 좋을 때, 쇼핑을 하면 기분이 좋아진다.
		-윈도우 쇼핑을 즐기는 편이다.
		-쇼핑은 나에게 즐겁고 신나는 일이다
		-옷을 사는 것 자체가 즐거움이다

(3) 경제적 쇼핑성향

경제적 쇼핑성향은 개인이 쇼핑을 하는 데에 있어서 가격을 얼마나 중요하게 여기는가에 관한 것을 의미한다.

[Donhue & Gilliland, 1996; Donthu & Garcia, 1999; 염인경, 2002; 김영숙, 2001]의 경제적 쇼핑성향성에 관한 척도를 연구 목적에 맞게 수정, 보완하여 설정된 요인을 기준으로 7개의 항목으로 측정을 실시하였고, 측정항목은 <표 3-11>과 같다.

<표 3-11> 개인적 쇼핑 성향의 측정항목 <경제적 쇼핑성향>

구 분	요 인	측 정 항 목
개인적 쇼핑성향	경제적 쇼핑성향	-비교적 저렴한 제품을 구매하려는 성향이 있다.
		-옷을 살 때 주로 세일이나 할인 쿠폰을 이용한다.
		-쇼핑할 때 주로 예상했던 비용 내에서만 지출한다.
		-제품을 구매할 때 경쟁브랜드와 가격을 비교해 본다
		-쇼핑을 할 때, 미리 예산을 정해둔다
		-값싼 제품을 사기 위해 기꺼이 많은 시간을 투자한다
		-할인 판매점등 값싸게 살 수 있는 점포를 이용한다.

4. 쇼핑가치

본 연구에서는 쇼핑가치를 쾌락적 쇼핑가치와 실용적 쇼핑가치의 2 가지로 분류하여 측정하였으며, 응답자들은 주어진 문항에 대형 찬성정도(매우 그렇다 / 전혀 그렇지 않다)를 5점 척도를 이용하여 측정하였다.

(1) 쾌락적 쇼핑가치

쾌락적 쇼핑가치는 특정의 목적 성취보다는 재미와 즐거움을 통해 쇼핑가치를 지각하는 쇼핑경험을 의미한다. [Hirshman & Holbrook, 1982] [Hirschman & Holbrook, 1982; Bloch & Richins, 1983; Holbrook & Hirschman, 1982; 유창조 & 김상희, 1994; Hirshman & Holbrook, 1982]의 쾌락적 쇼핑가치성에 관한 척도를 연구 목적에 맞게 수정, 보완하여 설정된 요인을 기준으로 7개의 항목으로 측정을 실시하였고, 측정항목은 <표 3-12>와 같다.

〈표 3-12〉 개인적 쇼핑 성향의 측정항목 〈쾌락적 쇼핑가치〉

구 분	요 인	측정항목
쇼핑가치	쾌락적 쇼핑가치	- 나에게 있어서 인터넷 쇼핑은 무척 즐거운 경험이다.
		- 제품의 구매와 상관없이 인터넷 쇼핑은 그 자체로 즐겁다.
		- 쇼핑을 하면서 나는 모험을 하는 것과 같은 느낌을 받는다.
		- 나는 인터넷 쇼핑을 통해 일상에서 탈출한 것과 같은 느낌을 받는다.
		- 나는 흥미로운 신제품들이 있으면 나에게 필요 없는 제품이더라도 탐색을 하면서 재미를 느낀다.
		- 의무적이 아니라 내가 원해서 즐기기 위해서 쇼핑을 한다.
		- 다른 일에 비해 쇼핑이 즐겁다.

(2) 실용적 쇼핑가치

실용적 쇼핑가치는 쇼핑을 노동으로 인식함으로써 쇼핑의 부정적인 측면을 설명하는 개념이다. 즉, 소비자들은 자신들의 소비욕구가 쇼핑을 통해 성공적으로 해소될 때 실용주의적 쇼핑가치를 인식하게 된다는 것을 의미한다. [Fischer & Armold, 1990; Sherry et al., 1993]

[Bloch & Bruce, 1984; Bloch & Richins, 1983; 이학식, 김영, & 정주훈, 1999]의 실용적 쇼핑가치성에 관한 척도를 연구 목적에 맞게 수정, 보완하여 설정된 요인을 기준으로 7개의 항목으로 측정을 실시하였고, 측정항목은 <표 3-13>와 같다. 연구의 항목을 참고하였다. 연구를 참고하였다.

〈표 3-13〉 개인적 쇼핑 성향의 측정항목 〈실용적 쇼핑가치〉

구 분	요 인	측 정 항 목
쇼핑가치	실용적 쇼핑가치	-다른 일에 비해 쇼핑이 즐겁다.
		-나는 인터넷 쇼핑몰을 탐색하는 동안 내가 찾으려고 했던 바로 그 제품만을 찾는다.
		-인터넷 쇼핑을 통해 내가 계획했던 일을 성취할 수 있다.
		-인터넷 쇼핑은 원하는 제품을 편리하고 신속하게 구매할 수 있도록 해준다.
		-나는 쇼핑을 합리적이고 영리하게 한다고 생각 한다
		-방문했던 인터넷 쇼핑몰에서 원하는 것을 찾지 못해 다른 사이트를 찾아가야 할 경우 실망감이 든다.
		-나는 인터넷 쇼핑을 통해 적은 노력으로 만족할 만한 제품을 찾아낸다.
		-나는 인터넷 쇼핑을 통해 마음에 드는 제품을 구매 하게 될 때, 쇼핑이 성공적이라고 느낀다.

5. 소비자 만족

본 연구에서는 소비자 만족도를 측정하였으며, 응답자들은 주어진 문항에 대해 찬성정도(매우 그렇다 / 전혀 그렇지 않다)를 5점 척도를 이용하여 측정하였다.

고객 만족은 소비자의 필요와 욕구에 의해 생겨난 기대를 충족시키거나 초과할 때 만족이 발생하고, 역으로 기대에 미치지 못할 때 불만족이 발생하는 것을 의미한다. [Alan F. Dutka, 1994]

[김사용 & 박성용, 1999; 김훈 & 권순일, 1999; 사공혜숙 외, 2000; 채영일, 1999; Jarvenpaa & Todd, 1997; Lohse & Bellman, 1999]의 소비자만족에 관한 척도를 연구 목적에 맞게 수정, 보완하여 설정된 요인을 기준으로 4개의 항목으로 측정을 실시하였고, 측정항목은 <표 3-14>와 같다. 연구의 항목을 참고하였다. 연구를 참고하였다.

<표 3-14> 소비자 만족의 측정항목 <소비자 만족>

구 분	측 정 항 목
소비자 만족	– 쇼핑몰에서 구매한 제품 / 서비스에 만족하다.
	– 현재 이용하는 인터넷 쇼핑몰을 다른 사람에게 추천 하고 싶다.
	– 구매 후 만족하여 인터넷 쇼핑몰을 더 자주 방문한다.
	– 현재 이용하는 인터넷 쇼핑몰에 만족하여 다음에도 계속 이용하고 싶다.

제4절 자료의 수집 및 분석 방법

1. 자료수집 및 설문방법

본 연구에서는 기존 연구 결과들을 바탕으로 연구모형과 연구가설들을 설정하였으며, 연구가설을 실증적으로 분석하기 위해 선행연구에 기초하여 개발된 설문을 통해 설문지를 작성하였다.

측정단위는 응답자의 주어진 문장에 대하여 찬성하는 정도(매우 그렇다 / 전혀 그렇지 않다)를 5점 척도를 이용하여 측정하였다. 측정 항목은 선행연구들을 토대로 개발된 항목 중 본 연구의 목적에 맞게 변수별 설문항목을 3∼7 개씩 선정하여 작성하여, 1차적으로 인터넷 쇼핑몰 이용자 30명을 대상으로 사전조사(pilot test)를 실시하였다.

사전조사를 거친 후 설문 항목을 재선정 및 수정 보완하여 350명의 응답을 얻었으며, 쇼핑몰 방문 경험이 있는 응답자의 data 중 유효한 205명의 data를 분석에 사용하였다.

2. 분석방법

본 연구는 패션제품을 통한 인터넷 쇼핑몰의 소비자 만족도에 관한 연구로서 인터넷 사용자 중 인터넷 쇼핑몰 방문 경험자를 대상으로 하였으며, 인터넷 쇼핑몰은 인터넷상의 가상 상점으로서 이를 이용하거나 방문 경험이 있는 소비자를 대상으로 변수별 특성을 파악함으로써 그 특성이 소비자 만족도에 미치는 영향관계를 측정하였다. 실증분석 방법으로는 신뢰성 분석과 요인분석을 하고 각 특성간의 관계를 알아보기 위해 회귀분석을 하였고, 분석도구로는 SPSS(window 12.0)을 사용하였다.

제4장　실증분석 및 결과

제1절 기초 자료 분석

본 연구에서는 쇼핑편익에 의한 인터넷 쇼핑몰 이용자를 통하여 소비자 만족도에 미치는 영향을 알아보기 위해, 인터넷 쇼핑몰의 특성, 패션제품의 특성, 쇼핑몰 이용자의 개인적 특성, 쇼핑가치를 측정항목으로 구성하였다. 신뢰분석은 측정의 정확성과 안전성, 일관성, 예측가능성을 알아보기 위해 Cronbach's alpha(α)를 사용하였다. 요인분석은 아이겐 값이 1이상인 요인들을 분석단위로 하였다. 전체 설문항목은 Likirt의 5점으로 하여 표기하였다.

1. 응답자 구성

조사 대상자의 인구통계적 특성에 대한 분석결과를 살펴보면, 성별로는 여성이 60%로 남성의 40%에 비해 다소 많았으며, 연령별로는 20대가 74.6%, 30대가 23.4%, 40대와 10대가 각각 1.0%로 나타

났다

직업별로는 회사원이 46.8%로 절반에 가까웠으며, 다음으로는 대학(원)생 42.0%, 전문직 9.3%, 자영업 1.0%, 공무원과 기타가 각각 0.5% 등의 순으로 나타났다.

학력에 따라서는 대졸이 48.8%로 절반을 가까웠으며, 다음으로는 대재 21.0%, 대학원 재 20%와 고졸 7.3% 대학원 졸이 4.9%의 순으로 나타났다.

월 소득별로 살펴보면, 100-200만원 미만이 42.0%로 가장 많았으며, 다음으로는 100만 원미만(39.0%), 200-300만 원 미만(15.1%), 300-400만 원 미만(2.4%), 400만 원 이상(1.5%) 등의 순으로 나타났다.

〈표 4-1〉 조사 대상자의 인구 통계적 특성

구 분		빈 도	백분율	구 분		빈 도	백분율
성 별	여 성	123	60		고 졸	15	7.3
	남 성	82	40		대 재	43	21.
연 령	10대	2	1.0	학 력	대 졸	96	46.8
	20대	153	74.6		대학원 재	41	20.0
	30대	48	23.4		대학원 졸	10	4.9
	40대 이상	2	1.0	소 득	100만원 미만	80	39.0
직 업	학 생	86	42.0		100~200만원 미만	86	42.0
	회사원	96	46.8		200~300만원 미만	31	15.1
	자영업	2	1.0		300~400만원 미만	5	2.4
	공무원	1	0.5		400만원 이상	3	1.5
	전문직	19	9.3	합 계		205	100
	기 타	1	0.5				

2. 인터넷 쇼핑몰 구매형태

1주일 평균 인터넷 이용 시간에 대한 분석결과를 살펴보면, "15시간 이상"이 21.5%로 가장 많았으며, 다음으로는 "5-10시간미만"(20.5%), "2-3시간미만"(14.1%), "1-2시간미만"(13.70%) 등의 순으로 나타나, 절반 이상의 응답자가 1주일에 5시간 이상 인터넷을 이용하는 것으로 나타났다.

<표 4-2> 1주일 평균 인터넷 이용 시간

구 분	빈 도	백분율(%)
1 시간미만	6	2.9
1-2 시간미만	28	13.7
2-3 시간미만	29	14.1
3-4 시간미만	20	9.8
4-5 시간미만	13	6.3
5-10 시간미만	42	20.5
10-15 시간미만	23	11.2
15시간이상	44	21.5
합 계	205	100.0

1주일 평균 인터넷 쇼핑 이용 시간에 대한 분석결과를 살펴보면, "1시간미만"이 37.6%로 가장 많았으며, 다음으로는 "1-2시간미만"(32.25%), "2-3시간미만"(15.1%), "3-4시간미만"과"4-5시간미만"이 각각 4.40% 등의 순으로 나타나, 절반 이상의 응답자가 1주일에 1-2시간미만의 인터넷 쇼핑을 즐기는 것 것으로 나타났다.

〈표 4-3〉 1주일 평균 인터넷 쇼핑 이용 시간

구 분	빈 도	백분율(%)
1 시간미만	77	37.6
1-2 시간미만	66	32.2
2-3 시간미만	31	15.1
3-4 시간미만	9	4.4
4-5 시간미만	9	4.4
5-10 시간미만	8	3.9
10-15 시간미만	2	1.0
15시간 이상	3	1.5
합 계	205	100.0

최근 6개월간 인터넷 쇼핑몰을 구매한 제품 구매 횟수에 대한 분석 결과를 살펴보면, "5회 미만"이 63.9%로 가장 많았으며, 다음으로는 "5-10회 미만"(27.8%), "10-20회 미만"(6.5%) 등의 순으로 나타났다.

〈표 4-4〉 최근 6개월간 인터넷 쇼핑몰 이용 제품 구매 횟수

구 분	빈 도	백분율(%)
5회 미만	131	63.9
5-10회 미만	57	27.8
10-20회 미만	41	6.8
20-25회 미만	1	0.5
25회 이상	2	1.0
합 계	205	100.0

최근 6개월간 인터넷 쇼핑몰을 이용한 제품 구매 총 금액에 대한 분석결과를 살펴보면, "10-30만원 미만"이 39.5%로 가장 많았으며, 다음으로는 "10만원 미만"(37.1%), "30-60만원 미만"(14.10%), "100만원 이상"(4.9%)등의 순으로 나타났다.

〈표 4-5〉 최근 6개월간 인터넷 쇼핑몰 이용 구매 금액

구 분	빈 도	백분율(%)
10만 원 미만	76	37.1
10-30만 원 미만	81	39.5
30-60만 원 미만	29	14.1
60-100만 원 미만	9	4.4
100만 원 이상	10	4.9
합 계	205	100.0

가장 많이 이용하는 쇼핑몰에 대한 분석결과를 살펴보면, "G-market" 이 27.3%로 가장 많았으며, 다음으로는 "옥션"(17.1%), "d&Shop"(12.7%), "인터파크"(9.8%), "GS-e Shop(6.8%)", "위즈위드"와 "개인 소호몰"이 각각 5.4%의 순으로 나타났다.

〈표 4-6〉 가장 많이 이용하는 쇼핑몰

구 분	빈 도	백분율(%)
G-market	56	27.3
옥션	35	17.1
d & shop(Daum)	26	12.7
인터파크	20	9.8
GS e Shop	14	6.8
위즈위드	11	5.4
개인 소호몰	11	5.4
롯데 닷 컴	10	4.9
CJ Mall	7	3.4
패션 플러스	3	1.5
H Mall	3	1.5
신세계 쇼핑몰	2	1.0
브랜드 온라인 샵	2	1.0
nate Mall	2	1.0
하프클럽	1	0.5
Yes 24	1	0.5
Yahoo	1	0.5
합 계	205	100.0

3. 타당성 및 신뢰성 검증

(1) 인터넷 쇼핑몰 사이트 특성의 신뢰도 분석 및 요인분석

인터넷 쇼핑몰 사이트 특성에 관한 24항목에 대한 요인분석을 실시한 결과 <표 4-7>과 같이 고유치 1.0이상인 5개의 요인이 추출되었다. 요인 1은 인터넷 쇼핑몰의 공급자 규모, 회원 수, 취급 품목 수, 인기도, 유명도 등으로 구성되어 '규모 및 평판(6문항)'이라 명명하였고, 요인 2는 거래 안전성 보장, 지불 시스템 보안, 인증 보호 서비스 등으로 구성되어 '보안통제(4문항)'라 하였으며, 요인 3은 제품 진열, 아이콘, 시각적 일관성 등으로 구성되어 '디자인(3문항)'이라 했다. 요인 4는 페이지 신속한 전환, 주문용이, 제품 추천, 신속 처리, 즉각 응답, 제품설명 등으로 구성되어 '서비스 기술(6문항)이라 하였고, 요인 5는 처음 디자인 요인이라 생각하였던 '사이트 구성이 취급 제품과의 잘 어울림' 요인이 콘텐츠 요인문항으로 분류되어, 제품 정보제공, 문자, 사진 제공, 제품 평 제공 등을 포함하여 '콘텐츠(5문항)'라 했다.

이 세 요인이 설명한 총 변량은 62.030%였고, 크론바하 알파계수(Cronbach's α)는 모두 0.72 이상으로 문항의 신뢰성이 높았다.

〈표 4-7〉 인터넷 쇼핑몰 사이트 특성의 신뢰성 및 요인분석

요 인	측정 항목	아이겐 값	요인 부하량	신뢰성 계수
규모 및 평판	-업계에서 공급자 규모 -회원 가입자 수 -취급 품목 수 -우수한 쇼핑몰 인식 정도 -인기도 -언론 인지도/ 유명도	6.825	.819 .868 .780 .617 .592 .712	.8497

요 인	측정 항목	아이겐 값	요인 부하량	신뢰성 계수
보안 통제	-거래 안전을 보장하는 문구 또는 로고 -결제의 안전성 보장 -지불 결제 시스템 보안 -암호화 / 강력한 서비스 인증 기반 보호서비스	3.250	.772 .845 .847 .829	.8828
디자인	-제품 진열과 모양이 실제감 -화면상의 글자나 아이콘이 깔끔 -전체적인 분위기 / 시각적 일관성	2.115	.580 .863 .838	.8163
서비스 기술	-문자, 이미지, 페이지의 신속한 전환 편리 -주문 취소용이 -고객 개별적인 관심 / 맞춤 제품 추천 -고객 주문 신속 처리 -소비자 문의 즉각적 응답 -제품을 주문 설명 / 주문방법 간단	1.482	.439 .656 .384 .721 .636 .684	.7408
콘텐츠	-취급하는 제품과 잘 어울림 -양질의 제품 정보 제공 -제품 텍스트(문자) 정보 제공 -제품에 관한 사진 정보 제공 -고객 / 전문가들 제품평가 정보 제공	1.319	.644 .474 .624 .638 .662	.7299

(2) 패션제품 특성의 신뢰성 및 요인분석

패션상품의 구매 시 소비자들이 인지하는 내재적인 단서라 할 수 있는 제품속성에 관한 15항목에 대한 요인분석을 실시한 결과 <표 4-8>와 같이 고유치 1.0이상인 3개의 요인이 추출되었다. 선행 요인에서는 6개의 요인으로 분석하여 실시하였으나, 의복착용성, 소재적 합성, 의복관리성, 치수 및 품질 표시성이 하나의 요인으로 묶여 의류제품의 디자인 및 사이즈, 소재, 세탁 관리, 라벨 및 사이즈 표기의 정확성 등으로 구성되어 요인1은 '제품특성(9문항)'이라 명명 하였고, 요인 2는 제품 구색과 사이즈, 색상, 디자인 등의 다양성으로 구성되어 '제품구색(3문항)'이라 하였으며, 요인 3은 의류제품의 디자인과 스타일에 대한 호감도, 유행성의 반영 등과 관련되어 '미적 표현성(3문항)'이라 했다. 이 세 요인이 설명한 총 변량은 58.28%였고, 크론바하 알파계수(Cronbach's α)는 모두 0.82 이상으로 문항의 신뢰성이 높았다.

〈표 4-8〉 제품속성의 요인분석 결과

요 인	측 정 항 목	아이겐값	요인 부하량	신뢰 계수
제품 특성	- 소재의 내구성 - 제봉 상태 및 완성 상태 - 세탁 후 변색 / 형태변형 - 세탁 관리 - 제품의 느낌 / 적합성 - 제품의 치수 / 맞음새 - 착용 / 활동성 - 사이즈 표시의 정확성 - 제품관리 및 치수의 라벨 정확성	6.485	.748 .718 .692 .687 .625 .617 .585 .583 .572	.8745
제품 구색	- 다양한 색상 / 디자인 제품 - 의류제품 종류의 다양성 및 구색 - 제품 종류별 사이즈의 다양성	2.053	.807 .737 .716	.8249
미적 표현성	- 제품의 디자인이 호감도 - 제품의 스타일이 호감도 - 유행성의 반영도	1.288	.780 .769 .688	.8209

두 번째, 패션상품의 구매 시 소비자들이 인지하는 외재적 단서라 할 수 있는 가격속성 관한 15항목에 대한 요인분석을 실시한 결과 <표 4-9>과 같이 고유치 1.0이상인 선행 요인과 같은 5개의 요인이 추출되었다. 요인 1은 상품의 가격이 품질, 서비스, 환경에 비해 저렴하여 가치에 비해 합리적인 소비를 할 수 있는 것으로 구성되어 '가격 합리성(price reasonableness)(5문항)'이라 하였고, 요인 2는 싸게 의복을 구입하기 위한 활동과 노력에 관한 내용으로 구성되어 '가격경제성(economical efficiency of price)(3문항)'이라 했다. 요인 3

은 점포에서 실시하는 할인이나 할인 폭에 대해 민감하게 생각하여 이를 받아들여 구매에 이용하는 것으로 구성되며 '가격할인성(price discount)(2문항)'이라 했다. 요인 4는 가격지불에 대한 상품의 가치를 인정하고 이를 가치 있게 생각하는 것으로 구성되어 '가격가치성(price value)(3문항)'이라 하였으며, 요인 5는 가격에 대한 정보의 보유와 이를 타인에게 전달하는 내용에 관한 것으로 '가격정보성(price information)(2문항)'이라 했다. 이 다섯 요인이 설명한 총 변량은 76.9%였고, 크론바하 알파계수(Cronbach's α)는 모두 0.71 이상으로 문항의 신뢰성이 높았다.

〈표 4-9〉 가격속성의 요인분석 결과

요 인	측 정 항 목	고유치	요인 부하량	신뢰 계수
가격 합리성	-제품의 가격 저렴함 -서비스/ 매장 환경 대비 제품 가격 -제품의 이미지나 품질, 매장 분위기 비교 가격 -기획 제품이나 행사 -할인판매 기회	3.939	.796 .780 .759 .739 .730	.8351
가격 경제성	-옷을 싸게 사기 위해 드는 시간과 노력, 돈은 아깝지 않다고 생각 -보다 싼 가격으로 구입노력 정도 -옷을 구입할 때 할인 판매기간을 주로 이용	1.994	.782 .745 .499	.7657
가격 할인성	-당장 필요는 없어도 점포의 세일 때문 옷 구입 -가격의 할인 폭이 크면 클수록 다량 구입	1.690	.818 .766	.7411
가격 가치성	-가격이 비싸도 마음에 들면 꼭 구입 -우수한 제품의 옷 대비 가격 타당성 -비싼 가격의 의복 신뢰감	1.167	.737 .712 .686	.7104
가격 정보성	-여러 가지 종류의 옷에 관한 가격정보량 -싸게 의복을 구입하는 정보 전달	1.059	.721 .549	.7413

(3) 개인적 특성의 신뢰성 분석 및 요인분석

소비자 개인적 쇼핑성향에 관한 17항목에 대한 요인분석을 실시한 결과 <표 4-10>와 같이 고유치 1.0이상인 4개의 요인이 추출되었다. 선행 요인에서는 3개의 요인으로 분석 실시하였으나 본 연구에서는 4가지 요인으로 구분되었다. 경제적 쇼핑성향을 측정하는 항목 중 '쇼핑시 예상비용 내에서 지출', '제품 구매시 경쟁브랜드와 가격비교', '쇼핑을 할 때 미리 예산책정' 항목이 또 다른 요인으로 추출되었고 요인명은 "합리적 쇼핑성향"으로 명명하였다. 결과적으로 요인 1은 쇼핑의 취미활동, 기분전환, 즐거움 등으로 구성되어 '오락적 쇼핑성향(5문항)'이라 했다. 요인 2는 저렴한 구매성향, 할인쿠폰, 할인판매점이용 등으로 구성되어 '경제적 쇼핑성향(5문항)'이라 했다. 요인 3은 편안한 쇼핑, 시간절약, 편리성 등으로 구성하여 '편의적 쇼핑성향(4문항)'이라 했다. 요인 4는 예산 내 지출, 가격 비교, 예산책정 등으로 구성하여 '합리적 쇼핑 성향'이라 명명했다. 이 세 요인이 설명한 총 변량은 62.274%였고, 크론바하 알파계수(Cronbach's α)는 모두 0.76 이상으로 문항의 신뢰성이 높았다.

〈표 4-10〉 개인적 특성의 신뢰성 분석 및 요인분석

요 인	측정 항목	아이겐 값	요인 부하량	신뢰성 계수
오락적 쇼핑 성향	- 쇼핑은 취미 활동 - 기분이 안 좋을 때, 쇼핑으로 기분전환 - 윈도우 쇼핑을 즐김 - 쇼핑은 나에게 즐겁고 신나는 일 - 옷을 사는 것 자체 즐거움	3.935	.793 .832 .735 .828 .764	.8603
경제적 쇼핑 성향	- 비교적 저렴한 제품 구매 성향 - 구매 시 주로 세일이나 할일 쿠폰을 이용 - 값싼 제품을 사기 위해 많은 시간 투자 - 할인 판매점등 저렴한 점포 이용 - 제품 정보를 모으는 데에 많은 시간	2.789	.723 .782 .612 .732 .530	.8436

요 인	측정 항목	아이겐값	요인 부하량	신뢰성 계수
편의적 쇼핑 성향	- 편하게 쇼핑 - 쇼핑시 시간 절약 중요 - 편리한 교통이 쇼핑 시 매우 중요 - 마음에 드는 이미지나, 분위기 점포 지속적 이용	2.048	.838 .750 .665 .569	.7854
합리적 쇼핑 성향	- 쇼핑 시 예상 비용 내에서 지출 - 제품 구매 시 경쟁브랜드와 가격을 비교 - 쇼핑을 할 때, 미리 예산 책정	1.193	.752 .667 .806	.7624

(4) 쇼핑가치의 신뢰성과 요인분석

쇼핑가치에 관한 13항목에 대한 요인분석을 실시한 결과 <표 4-11>과 같이 고유치 1.0이상인 2개의 요인이 추출되었다. 요인 1은 인터넷 쇼핑의 즐거움, 탐색재미, 모험심, 탈출감, 성취심 등으로 구성되어 '쾌락적 쇼핑가치(8문항)'이라 하였고, 요인 2는 인터넷 쇼핑에서 목적쇼핑, 편리성, 합리성, 성공감 등으로 구성되어 '실용적 쇼핑가치(5문항)'이라 하였으며, 이 두 요인이 설명한 총 변량은 84.872%였고, 크론바하 알파계수(Cronbach's α)는 0.79 이상으로 문항의 신뢰성이 높았다.

〈표 4-11〉 인터넷 쇼핑가치의 요인분석 결과

요 인	측정 항목	고유치	요인 부하량	신뢰 계수
쾌락적 쇼핑 가치	- 인터넷 쇼핑은 무척 즐거운 경험 - 흥미로운 신제품들의 탐색 재미 - 제품의 구매와 상관없이 인터넷 쇼핑 즐거움 - 내가 원해서 즐기기 위한 쇼핑 - 쇼핑을 하면서 모험을 하는 것과 같은 느낌 - 다른 일에 비해 쇼핑이 즐거움 - 인터넷 쇼핑을 통해 일상에서 탈출감 - 인터넷 쇼핑을 통해 계획 했던 일 성취	4.596	.718 .752 .748 .712 .704 .703 .685 .504	.8206

요 인	측정 항목	고유치	요인 부하량	신뢰 계수
실용적 쇼핑 가치	-인터넷 쇼핑은 제품을 편리/신속 구매 -인터넷 쇼핑을 통해 노력대비 만족감 -쇼핑을 합리적이고 영리하게 함 -인터넷 쇼핑을 통한 쇼핑 성공감 -인터넷 쇼핑몰을 탐색하는 동안 목적쇼핑	2.721	.809 .778 .659 .643 .453	s.7928

(5) 소비자 만족도의 신뢰성

인터넷 쇼핑몰 소비자 만족도의 신뢰성 검증 결과는 <표 4-12>에
제시 되고 있다.

<표 4-12> 소비자 만족도의 신뢰성

요 인	측정 항목	신뢰성 계수
소비자 만족도	-쇼핑몰에서 구매한 제품/서비스에 만족하다. -현재 이용하는 인터넷 쇼핑몰을 다른 사람에게 추천 하고 싶다. -구매 후 만족하여 인터넷 쇼핑몰을 더 자주 방문한다. -현재 이용하는 인터넷 쇼핑몰에 만족하여 다음에도 계속 이용 하고 싶다.	.8233

제2절 연구모형 분석 및 가설검증

1. 인터넷 쇼핑몰 사이트 특성이 쇼핑가치에 미치는 영향

인터넷 쇼핑몰 사이트의 특성이 소비자의 쇼핑가치에 미치는 영향
을 알아보기 위하여 쇼핑몰 사이트 특성을 독립변수로, 쇼핑가치를

종속변수로 회귀분석을 실시했다. 그 결과 인터넷 쇼핑몰 사이트 특성 중 규모 / 평판을 제외한 모든 요인이 쾌락적 쇼핑가치에 미미한 영향을 미쳤으며(<표 4-13>), 또한 사이트 특성의 모든 요인이 실용적 쇼핑가치에 유의한 영향을 미치는 것으로 나타났다.(<표 4-14>) 다시 말해, 인터넷 쇼핑몰 사이트의 규모 / 평판, 보안통제, 서비스기술, 디자인, 콘텐츠는 인터넷 쇼핑을 하는 소비자들의 쾌락적 쇼핑가치 보다는 실용적 쇼핑가치를 더 높게 지각한다고 할 수 있다. 인터넷 쇼핑몰 사이트 특성 중 실용적 쇼핑 가치에는 서비스 기술((β=0.24), 디자인(β=0.241)의 영향력이 가장 컸다. 인터넷 쇼핑몰 사이트 특성은 쾌락적 쇼핑가치의 8.5%(R^2=0.085)를, 실용적 쇼핑가치를 26%(R^2=0.260)를 설명했다.

〈표 4-13〉 인터넷 쇼핑몰 사이트 특성이 쾌락적 쇼핑가치에 미치는 영향

독립변수 \ 종속변수		쾌락적 쇼핑가치		F	R^2
		β	t		
인터넷 쇼핑몰 사이트특성	규모 / 평판	-.030	-.442	3.693(.000)**	.085
	보안통제	.028	.413		
인터넷 쇼핑몰 사이트특성	서비스기술	.066	.970	3.693(.000)**	.085
	디자인	.144	2.121		
	콘텐츠	.241	3.559		

** $p < .01$

〈표 4-14〉 인터넷 쇼핑몰 사이트 특성이 실용적 쇼핑가치에 미치는 영향

독립변수	종속변수	실용적 쇼핑가치		F	R^2
		β	t		
인터넷 쇼핑몰 사이트 특성	규모 / 평판	.151	2.387	13.850(.000)**	.260
	보안통제	.132	1.994		
	서비스기술	.244	3.968		
	디자인	.241	3.451		
	콘텐츠	.156	2.430		

** $p < .01$

2. 인터넷 패션상품 구매자의 개인적 쇼핑성향이 쇼핑가치에 미치는 영향

인터넷 패션상품 구매자의 개인적 쇼핑성향의 특성이 쇼핑가치에 미치는 영향을 알아보기 위하여 개인적 쇼핑성향을 독립변수로, 쇼핑가치를 종속변수로 회귀분석을 실시했다. 그 결과 개인적 성향 중 경제적 쇼핑성향과 합리적 쇼핑성향을 제외한 모든 요인이 쾌락적 쇼핑가치에 영향을 미치고(<표 4-15>), 개인적 쇼핑성향의 모든 요인이 실용적 쇼핑가치에 영향을 미치는 것으로 나타났다.(<표 4-16>) 개인적 쇼핑성향 중에서 인터넷을 통한 의류제품 소비자의 쾌락적 쇼핑가치에는 편의적 쇼핑성향($β=0.582$), 오락적 쇼핑성향($β=0.242$)의 영향력이 가장 컸으며, 개인적 쇼핑성향은 쾌락적 쇼핑가치의 40.2%($R^2=0.402$)를 설명했다. 그리고 실용적 쇼핑가치에는 합리적 쇼핑성향($β=0.355$), 경제적 쇼핑성향($β=0.277$)의 영향력이 가장 컸으며, 개인적 쇼핑성향은 실용적 쇼핑가치의 29.1%($R^2=0.291$)를 설명했다.

〈표 4-15〉 개인적 쇼핑성향이 쾌락적 쇼핑가치에 미치는 영향

독립변수	종속변수	쾌락적 쇼핑가치		F	R^2
		β	t		
개인적 쇼핑성향	편의적 쇼핑성향	.582	10.636	33.543(.000)**	.402
	오락적 쇼핑성향	.242	4.430		
	경제적 쇼핑성향	-.140	-.140		
	합리적 쇼핑성향	.005	1.180		

** $p < .01$

〈표 4-16〉 개인적 쇼핑성향이 실용적 쇼핑가치에 미치는 영향

독립변수	종속변수	실용적 쇼핑가치		F	R^2
		β	t		
개인적 쇼핑성향	편의적 쇼핑성향	.256	4.301	20.521(.000)**	.291
	오락적 쇼핑성향	.151	2.544		
	경제적 쇼핑성향	.277	4.651		
	합리적 쇼핑성향	.355	5.957		

** $p < .01$

3. 인터넷 쇼핑몰 패션상품의 속성이 소비자 만족도에 미치는 영향

인터넷 쇼핑 시 패션상품의 속성이 소비자 만족도에 미치는 영향을 알아보기 위하여 패션상품의 속성을 독립변수로, 소비자 만족도를 종속변수로 회귀분석을 실시했다. 그 결과 의류상품의 속성 중 가격 가치성을 제외한 모든 요인이 소비자 만족도에 영향을 미치는 것으로 나타났다.(<표 4-17>) 즉, 패션상품의 비싼 가격이 의복의 신뢰감이나 만족감에 영향을 주지 않는다고 판단할 수 있다. 인터넷

쇼핑몰에서 판매하는 패션제품의 디자인이나 소재, 치수 및 미적 표현성이 뛰어날수록, 제품구색 및 디자인, 사이즈, 색상 등이 다양할수록, 가격이 저렴하고 할인 폭이 클수록 인터넷 쇼핑을 하는 소비자들의 만족도를 더 높게 지각한다고 할 수 있다. 패션 상품의 속성 중에서 인터넷을 통한 패션제품 소비자의 만족도에는 제품속성의 미적 표현성(β=0.22), 가격속성의 가격 정보성(β=0.37)의 영향력이 가장 컸으며, 제품속성은 소비자 만족도의 30.7%(R^2=0.307)를, 가격속성은 20.7%(R^2=0.207)를 설명했다.

〈표 4-17〉 인터넷 의류제품의 속성이 소비자 만족도에 미치는 영향

독립변수	종속변수	소비자 만족도		F	R^2
		β	t		
제품 속성	제품특성	.327	5.566	29.678(.000)**	.307
	제품구색	.327	5.567		
	미적 표현성	.305	5.202		
가격 속성	가격합리성	.347	5.474	10.288(.000)**	.207
	가격가치성	-.005	-.075		
가격 속성	가격경제성	.113	.112	10.288(.000)**	.207
	가격할인성	.041	.041		
	가격정보성	.268	.226		

** $p < .01$

4. 패션상품 소비자의 쇼핑가치가 소비자 만족도에 미치는 영향

인터넷 쇼핑 시 소비자의 쇼핑가치가 소비자 만족도에 미치는 영향을 알아보기 위하여 소비자 쇼핑가치의 속성을 독립변수로, 소비

자 만족도를 종속변수로 회귀분석을 실시했다. 그 결과 쾌락적 쇼핑
가치와 실용적 쇼핑가치 모두 인터넷 쇼핑만족도에 영향을 미치는
것으로 나타났다.(<표 4-18>) 또한 인터넷 구매자의 실용적 쇼핑가치
가 클수록 소비자는 쾌락적 쇼핑가치보다 소비자 만족도가 높은 것
으로 나타났다. 쇼핑가치 속성 중 쾌락적 쇼핑가치와 실용적 쇼핑가
치는 인터넷 쇼핑만족도의 30.2%(R^2=.302)를 설명했다.

〈표 4-18〉 의류제품 소비자의 쇼핑가치가 인터넷 쇼핑 만족도에 미치는 영향

종속변수 독립변수	인터넷 쇼핑 만족도		F	R^2
	β	t		
쾌락적 쇼핑가치	.188	2.779	43.717(.000)**	.302
실용적 쇼핑가치	.531	6.353		

** $p < .01$

제 5 장   연구의 결론 및 시사점

제1절 연구의 요약 및 시사점

패션제품은 소비자에게 만족을 주는 목적이 매우 강하고 소비자의 태도적인 측면에서 매우 호의적인 면을 갖는 제품범주라고 할 수 있다. 이것은 인터넷 쇼핑몰들이 초기시장에서 그러한 특성의 패션상품을 많이 취급하게 하는 이유 중의 하나일 것이다. 따라서 인터넷 쇼핑몰에서 패션제품을 구입한 소비자들을 통해 인터넷 쇼핑몰에서의 사이트 특성적 역할과 개인적 쇼핑성향이 쇼핑가치. 즉, 쾌락적 쇼핑가치와 실용적 쇼핑가치 중 어느 쪽에 더 많은 영향을 주는지를 파악하고 이러한 쇼핑가치가 소비자 만족도에 미치는 영향을 측정해 보았다. 그리고 패션상품의 제품속성(의복 적합성, 미적표현, 제품구색)과 가격속성(가격합리성, 가격경제성, 가격할인성, 가격가치성, 가격 정보성)의 어떠한 하부 요인들이 만족도에 영향을 주는지를 측정해 보았다.

회귀 분석을 이용한 연구가설을 검증한 결과와 시사점은 다음과 같다.

첫째, 인터넷 쇼핑몰 사이트 특성에 관한 24항목에 대한 요인분석을 실시한 결과 규모, 평판이 하나의 요인으로 추출되어 본 연구에서는 '규모 및 평판'이라 명명 하였고, 이를 포함하여 보안통제, 디자인, 서비스기술, 콘텐츠 등 5개의 요인을 추출했다. 패션상품의 구매 시 소비자들이 인지하는 내재적인 단서라 할 수 있는 제품속성에 관한 15항목에 대한 요인분석을 실시한 결과 선행연구의 의복착용성, 소재적합성, 의복관리성, 치수 및 품질 표시성이 하나로 묶여 본 연구에서는 '제품특성'이라 명명 하였고, 이를 포함하여 제품구색, 미적표현성 등의 3개의 요인을 추출했다. 패션상품의 구매 시 소비자들이 인지하는 외재적 단서라 할 수 있는 가격속성 관한 15항목에 대한 요인분석을 실시한 결과 가격합리성, 가격경제성, 가격할인성, 가격가치성, 정보성 등 5개의 요인을 추출했다. 소비자 개인적 쇼핑성향에 관한 17항목에 대한 요인분석을 실시한 결과 선행연구의 경제적 쇼핑성향을 측정하는 항목 중 '쇼핑시 예상비용 내에서 지출', '제품 구매시 경쟁브랜드와 가격비교', '쇼핑을 할때 미리 예산책정' 항목이 또 다른 요인으로 추출 되었고 요인명은 "합리적 쇼핑성향"으로 명명하였고, 이를 포함 오락적 쇼핑성향, 편의적 쇼핑성향, 경제적 쇼핑성향 등 4개의 요인을 추출했다. 쇼핑가치에 관한 13항목에 대한 요인분석을 실시한 결과 실용적 쇼핑가치와 쾌락적 쇼핑가치 등의 2개의 요인이 추출되었다.

둘째, 인터넷 쇼핑몰 사이트의 특성이 소비자의 쇼핑가치에 미치는 영향을 알아보기 위하여 쇼핑몰 사이트 특성을 독립변수로, 쇼핑가치를 종속변수로 회귀분석을 실시했다. 그 결과 인터넷 쇼핑몰 사이트 특성 중 규모 / 평판을 제외한 모든 요인이 쾌락적 쇼핑가치에 미미한 영향을 미쳤으며, 또한 사이트 특성의 모든 요인이 실용적 쇼핑가치에 영향을 미치는 것으로 나타났다. 다시 말해, 인터넷 쇼핑몰 사이트의 규모/평판, 보안통제, 서비스 기술, 디자인, 콘텐츠는 인터넷 쇼핑을 하는 소비자들의 쾌락적 쇼핑가치 보다는 실용적 쇼핑가치를 더 높게 지각한다고 할 수 있다. 인터넷 쇼핑몰 운영자는 많은 회원 가입자 수 확보, 고급 쇼핑몰의 이미지 추구, 광고를 통한 인터넷 점포의 규모와 평판, 거래 안전을 보장하는 문구나 로고, 결제 안전성 보장, 지불 결제 시스템 보안 철저를 통한 안전성, 문자, 이미지, 페이지의 신속한 전환을 통한 편리성, 주문취소의 편리성, 고객 주문의 신속한 처리, 즉각적인 응답을 통한 서비스 기술, 실물 점포와 같은 생생한 사진과 화면의 구성과 깔끔함, 전체적인 분위기의 일관성을 통한 디자인, 양질의 제품 정보 제공, 전문가의 제품 평가 정보를 제공하는 콘텐츠를 제공하여 실용적 쇼핑가치를 높여야한다. 인터넷 쇼핑몰 사이트 특성 중 실용적 쇼핑 가치에는 서비스 기술(($\beta=0.24$), 디자인($\beta=0.241$)의 영향력이 가장 컸다. 인터넷 쇼핑몰 사이트 특성은 쾌락적 쇼핑가치의 8.5%($R^2=0.085$)를, 가격속성은 26%($R^2=0.260$)를 설명했다.

셋째, 인터넷 패션상품 구매자의 개인적 쇼핑성향의 특성이 쇼핑가치에 미치는 영향을 알아보기 위하여 개인적 쇼핑성향을 독립변수로, 쇼핑가치를 종속변수로 회귀분석을 실시했다. 그 결과 개인적 성향 중 경제적 쇼핑성향과 합리적 쇼핑성향을 제외한 모든 요인이 쾌락적 쇼핑가치에 영향을 미치고, 개인적 쇼핑성향의 모든 요인이 실용적 쇼핑가치에 영향을 미치는 것으로 나타났다. 인터넷 쇼핑몰 운영자는 편의적, 경제적, 합리적 쇼핑성향을 가진 소비자들에게는 실용적인 쇼핑가치에 초점을 두어 편리한 접근, 시간단축, 가격 비교 검색 기능, 경제성, 효율적인 정보검색, 풍부한 정보, 할인행사 등을 제공하여 실용적 쇼핑가치를 높이고, 반면에 오락적 쇼핑성향을 가진 소비자들에게는 재미있고 다채로운 쇼핑경험을 제공하고 쾌락적 쇼핑가치를 자극할 수 있도록 해야 한다. 개인적 쇼핑성향 중에서 인터넷을 통한 의류제품 소비자의 쾌락적 쇼핑가치에는 편의적 쇼핑성향(β=0.582), 오락적 쇼핑성향(β=0.242)의 영향력이 가장 컸으며, 개인적 쇼핑성향은 쾌락적 쇼핑가치의 40.2%(R^2=0.402)를 설명했다. 그리고 실용적 쇼핑가치에는 합리적 쇼핑성향(β=0.355), 경제적 쇼핑성향(β=0.277)의 영향력이 가장 컸으며, 개인적 쇼핑성향은 실용적 쇼핑가치의 29.1%(R^2=0.291)를 설명했다.

넷째, 인터넷 쇼핑시 패션상품의 속성이 소비자 만족도에 미치는 영향을 알아보기 위하여 패션상품의 속성을 독립변수로, 소비자 만족도를 종속변수로 회귀분석을 실시했다. 그 결과 의류상품의 속성 중 가격 가치성을 제외한 모든 요인이 소비자 만족도에 영향을 미치는 것으로 나타났다. 즉, 패션상품의 비싼 가격이 의복의 신뢰감이나 만족감에 영향을 주지 않는다고 판단할 수 있다. 인터넷 쇼핑몰에서 판매하는 패션상품의 디자인이나 소재, 치수 및 미적 표현성이 뛰어날수록, 제품구색 및 디자인, 사이즈, 색상 등이 다양할수록, 가격이 저렴하고 할인 폭이 클수록 인터넷 쇼핑을 하는 소비자들의 만족도를 더 높게 지각한다고 할 수 있다. 패션 상품의 속성 중에서 인터넷을 통한 패션제품 소비자의 만족도에는 제품속성의 미적 표현성(β=0.22), 가격속성의 가격 정보성(β=0.37)의 영향력이 가장 컸으며, 제품속성은 소비자 만족도의 30.7%(R^2=0.307)를, 가격속성은 20.7%(R^2=0.207)를 설명했다

다섯째, 인터넷 쇼핑 시 소비자의 쇼핑가치가 소비자 만족도에 영향을 미치는가를 알아보기 위하여 소비자 쇼핑가치의 속성을 독립변수로, 소비자 만족도를 종속변수로 회귀분석을 실시했다. 그 결과 쾌락적 쇼핑가치와 실용적 쇼핑가치 모두 인터넷 쇼핑만족도에 영향을

미치는 것으로 나타났다. 또한 인터넷 구매자의 실용적 쇼핑가치가 클수록 소비자는 쾌락적 쇼핑가치보다 소비자 만족도가 높은 것으로 나타났다. 쇼핑가치 속성 중 쾌락적 쇼핑가치와 실용적 쇼핑가치는 인터넷 쇼핑만족도의 30.2%(R^2=.302)를 설명했다.

　본 연구의 공헌도는 첫째, 인터넷 쇼핑에서 쇼핑의 질의 척도인 실용적 및 쾌락적 쇼핑가치의 선행요인과 결과변수를 이론적으로 연결하여 인터넷 구매자의 쇼핑경험을 통합적으로 보았다는 데에 의의가 있다. 둘째, 패션상품을 취급하는 인터넷 쇼핑몰이나 진출하고자 하는 기업에게 인터넷 쇼핑몰의 특성, 제품의 속성, 구매자의 쇼핑성향을 종합적으로 고려하여 효과적인 인터넷 마케팅 전략을 수립할 수 있게 되었다.
　마지막으로, 본 연구의 성과는 이론적 배경이 부족한 분야의 연구이므로 향후 연구에 이론적 기반을 제시할 수 있을 것이다.

제2절 연구의 한계점 및 향후 연구 방향

　본 연구의 한계점으로는 첫째, 인터넷 쇼핑몰이 취급하고 있는 제품 중 패션제품을 연구대상으로 제품군을 다루면서 설문조사를 의류 중심에 국한시키고 있다. 구체적인 제품 항목은 고려하지 않은 점은 있으나, 인터넷 쇼핑몰이 취급하는 패션제품에 대한 확장 적용될 수 있다는 가능성이 있으므로 패션 제품군에 대한 확장 적용이 더욱 타당성을 가질 수 있을 것이다.

둘째, 현재 인터넷 거래 실정이 타 유통거래만큼 일반적이지 않기 때문에 표본의 선정에 있어서 제품구매자를 대상으로 실시를 하는데 어려움이 있었다. 본 연구에서는 인터넷 쇼핑몰 구입 경험자들로 어느 정도 편기가 있을 수 있다는 것이다. 후속 연구에서는 잠재적 구매자들의 일반성을 위해서 보안성 / 안전성 문제인 위험지각을 고려해야 할 것이다.

셋째, 연구 모형 설계에서 패션제품의 속성(제품속성, 가격속성)을 쇼핑가치와 연계하여 설명하려 하였으나, 설정한 변수의 하위요인의 분류에서 논리적 방향성의 미비로 인하여 쇼핑가치의 영향을 설명하지 못하고 만족도에 미치는 영향만을 설명하게 되었다. 후속연구에서는 패션제품의 속성에 대한 더욱더 확장된 논리의 적용을 통하여 쇼핑가치의 영향을 설명, 적용해야 할 것이다.

마지막으로, 본 연구는 선행 이론에서 소비자 행동적 측면의 연구 이외에 인터넷 이라는 가상환경에서의 행동을 다룬 이론적 및 실증적 연구가 충분하지 못한 상태에서 제한된 실물세계의 이론과 개념을 적용하여 인터넷 쇼핑몰에서의 쇼핑관련 행위를 설명하였다.

앞으로는 인터넷 쇼핑몰의 증가 및 취급제품의 증가, 이용자의 증가가 예상되며, 관련 연구도 계속 나타날 것이라고 본다. 따라서 앞으로 연구는 첫째, 다양한 패션상품뿐만 아니라 다른 상품군도 포함한 연구, 둘째, 본 논문에서 다루지 않았던 다른 쇼핑관련 변수들, 예를 들면 충동구매, 위험지각, 광고와 가격민감성 등을 포함한 인터넷 쇼핑몰에 대한 심도 있는 연구가 계속되어 사이버 쇼핑몰에서의 구매행동에 관한 이론을 일반화하여야 할 것이다

참고문헌

1. 국내문헌

곽동성, 김규동, "소비자만족 형성과정에 영향을 미치는 상황변수에 관한 연구-고관여시 제품평가용이성의 개념을 중심으로", 마케팅연구, 1997, 12(1)

김규동, "소비자만족 형성과정에 관한 연구", 중앙대학교 경영학박사 논문, 1996

김상용, "전자상거래에서의 구매의도 결정요인에 관한 연구", 소비자학연구, 1999, 제10권, 제3호.

김원겸, "온-오프라인 쇼핑업태별 쇼핑상황에 따른 소비자태도 변화에 관한 연구". 한국외국어대학교 대학원 박사학위 논문, 2000, pp.11-58

강용수, "인터넷 거래기간이 인터넷 쇼핑몰 신뢰에 미치는 조절효과에 관한 연구," 산업경제연구, 제14권 제2호, 2001, pp.17-30

강이주, 황정선, "전자상거래 소비자의 개인정보 보호의식에 관한 연구-사업자 신뢰도와 정보유출 피해경험 효과를 중심으로-", 소비자 문화연구. 제4권 제2호, 2001년 8월, pp.85-106

권승오, "전자상거래에 대한 고객신뢰와 만족이 재구매에 미치는 영향에 관한 연구", 산업 경제 연구, 제15권, 제1호, 2002, pp.53-71

김광수, 박주식, "인터넷쇼핑에 대한 신뢰에 영향을 미치는 요인에 관한 연구", 경영정보학 연구, 제9권 제2호, 1999, pp.133-150

김광용, 김기수, "인터넷 설문조사를 활용한 사이버 쇼핑몰 디자인에 관한 연구", 경영정보학 연구, 제9권 제2호, 1999, pp.133-150

김구성, 이수동, 김주영, "모 기업의 신뢰가 인터넷 쇼핑몰의 신뢰와 구매 의

도에 미치는 영향에 관한 연구", 2003년 한국유통학회 추계 학술대회, 2003, pp.173-201

김상용, 박성용, "전자상거래에서의 구매의도 결정영향요인에 관한 연구", 소비자학 연구, 제10권 3호, 1999년 9월, pp.45-66

김상현, 오상현, "인터넷 쇼핑몰 공급자 특성이 만족, 신뢰 및 애호도에 미치는 영향", 중소기업연구, 제24권 제2호, 2002, pp.237-271

김성언, 나선영, "전자상거래 기업의 성공을 위한 소비자 구매의도 영향요인 분석", 경영정보학 연구, 제10권 제3호, 2000년 9월, pp.61-76

김정욱, 주형진, "사용자 특성이 인터넷 쇼핑몰 이용에 미치는 영향에 관한 실증적 연구", 한국경영 과학지 제 27권 제4호 2002년 12월, pp.149-165

김영숙, "의복 쇼핑성향 소비자 유형에 따른 점포선택과 구매행동에 관한 연구", 신라대학교 일반대학원, 2001

김용만, 심규열, "전자상거래시 고객유지를 위한 인터넷 쇼핑몰 운영 방안에 관한 연구", 마케팅 과학연구, 2000, Vol.6, pp.143-166

김용만, 김동형, "인터넷 쇼핑몰 특성에 의한 쇼핑가치와 고객 유지에 관한 연구", 마케팅 과학연구, 2000, vol.6, pp.143-166

구자룡, "소비자-브랜드 관계 유형별 브랜드 인지, 지각된 품질, 및 브랜드 이미지가 브랜드 태도 및 브랜드 로열티에 미치는 영향에 관한 탐색적 연구", 상명대학교 대학원, 박사학위논문, 2002

김미경, "의류제품의 가격수용성 연구", 부산대학교 대학원, 석사학위논문, 2000

김민수, "의류제품에 대한 소비자의품질평가기준", 서울여자 대학교 대학원, 석사학위논문, 2002

김진원, "쇼핑가치— 점포속성 및 과업상황이 의복구매행동에 미치는 영향—의류 점포내 감정을 중심으로—", 이화여자대학교 대학원 박사학위논문, 2000

노채영, 곽유미, 조혜정, "인터넷 쇼핑몰 이용에 관한 연구", 생활과학논

집, 2000, Vol.3, No.1

노창오, "브랜드 워크아웃", 한국 언론 자료 간행회, 1998.

문태현, "인터넷 쇼핑몰의 과다한 가격할인 등이 소비자 구매의도에 미치는 영향에 관한 연구". 한국외국어대학교 대학원 박사학위 논문, 2004, pp.11-12

박준철, "인터넷 쇼핑몰 이용자의 고객만족이 신뢰, 몰입, 고객 충성행위에 미치는 영향", 경영정보학 연구, 제13권, 제3호, 2003, pp.131

박준철 윤만희, "인터넷 쇼핑몰 회원가입자의 관계품질에 영향을 미치는 요인에 관한 연구". 경영정보학 연구, 제12권 3호, 2002.9. pp.21-43

박준철, 이웅규, 윤태석, "전자상거래 이용 소비자의 개인적 성향이 인터넷 공동구매태도와 의도에 미치는 영향". 경영학 연구, 31권 3호, 2002년 6월, pp.769-786

박철, "온라인 소비자의인터넷 쇼핑몰 신뢰요인에 관한 질적 연구", 한국경영정보학회 2002 춘계학술대회 논문집 2002, pp.371-380

박철, "인터넷 상품 구매의도에 영향을 미치는 요인에 관한 실험연구", 한국유통학회 2000년 한국유통학회 춘계학술대회, 2000년 pp.113-141

박철, 강병구, "소비자의 온라인 구매경험에 따른 전자상거래 신회형성 요인에 관한 연구", Information System Review. Vol.5, No.1, 2003년 6월, pp.81-95

박철, "인터넷탐색 가치에 의해 분류한 온라인 소비자 집단별 특성에 관한 연구", 소비자학 연구, 2001, Vol.12, No.1

박성은, "의복의 속성 지각이 의류 제품의 선호와 구매 의도에 미치는 영향-여대생 소비자를 중심으로-", 이화여자대학교 대학원 박사학위 논문, 1998

박은주, 이은영, "의복선택기준에 대한 요인분석", 한국의류학회지, 1982, 6(2), 41-48.

박은주, 홍금희, "소비자의 가격태도와 위험지각에 따른 의류할인점 선택행동에 관한 연구", 한국의류학회지, 1999, 23(4), 529-540

백선영, "청소년 소비가치가 의류제품평가에 미치는 영향", 숙명여자 대학교 대학원 박사학위논문, 1999

백영승, "가격에 대한 구매자의 반응경향성에 따른 제품의 외적단서와 제품평가의 관계성", 중앙대학교 대학원 박사과정, 1994

박치관, 박준병, 김응규, "신뢰도가 기업대 소비자간 전자상거래에 미치는 영향 연구", 정보기술응용연구, 제1권 34호, 1999년 12월, pp.81-95

박헌성, "전자상거래에 대한 소비자의 인식도 및 이용행태에 관한 연구", 연세대학교 대학원, 1999

사공혜숙, "전자상거래에서의구매의도 결정요인에 관한 연구". 소비자학 연구, 2000, 제10권, 제3호..

서건수, "인터넷 쇼핑몰의 특성과 사용자 수용간의 상황적 관계분석", 경영정보학 연구, 제11권 제2호, 2001년 6월, pp.23-54

서건수, "인터넷 커뮤니티의 특성과 개인 특성이 사용자 충성도에 미치는 영향", 경영정보학 연구 제13권 제2호 2003년 6월, pp.1-20

서창교, 성석주, "개인특성이 인터넷 쇼핑몰 사용의도에 미치는 영향'. 경영정보학 연구, 제14권 제3호, 2004, pp.1-21

성영신, 강정석, "인터넷 쇼핑과 쇼핑몰에 대한 소비자의 지각", 광고학 연구, 2000, Vo. / 11. No.2.

송원영, 이명희, "인터넷 쇼핑에서의 의복구매행동과 라이프스타일과의 관계 연구", 복식문화연구, 2001, Vol.9, No.4.

신지용, 박서용, "소비자들의 인터넷 쇼핑 결정요인에 관한 연구: 인터넷 쇼핑과 전통적 상거래의 통합", 2001.

서문식, 김상희, "인터넷 쇼핑몰 특징과 감정적 방응과의 관계에 관한 연구", 마케팅연구, 2002, 17(2), 113-145

서문식, 김상희, 서용한, "인터넷 쇼핑상황에서 경험하는 소비자 감정에 관한 질적 연구, 소비자학 연구, 2002, 13(2), 47-79

소귀숙, "의류제품 구매시 감정적 요인이 구매행동에 미치는 영향", 동아대학교대학원 석사학위 논문, 1998

신가희, "쇼핑몰의 서비스 품질, 제품관련속성에 대한 지각이 점포태도
　　　에 미치는 영향", 전남대학교 대학원 석사학위논문, 2000
신수연, 권영아, "소비자 의사결정유형에 따른 전국상표와 자체상표의 제
　　　품 지각차이에 관한 연구", 한국의류학회지, 1998, 22(7), 851-861.
여은아, "Consumer adoption of the Internet for apparel shopping", Iowa
　　　State University, 1999
안광호, 임병준, "마케팅 조사원론", 법문사. 1995
안광호, 채서일, 조재운, "유통관리", 학원사. 1995
안광호, 이윤주, "쇼핑 가치가 점포이미지와 인터넷 쇼핑몰에서의 소비
　　　자구매의도 간의관계에 미치는 영향에 관한 연구", 소비자학 연
　　　구, 2002, 13(4), 101-122
유현정, "전자상거래에서 소비자 만족도 착도 개발", 소비자학 연구,
　　　2000, 제11권, 제3호.
이두희, "고객만족도의 측정과 분석에 대한 체계적 고찰", 상품학연구,
　　　1995 제12호
이유재, "고객만족의 정의 및 측정에 관한 연구", 경영논집, 제29권,
　　　1995, 1,2호
안상협, 이선희, "전자상거래 관리 행태 및 운영의 차이가 고객신뢰형성
　　　에 미치는 영향에 관한 연구", 기업경영연구, 제313권, 2000,
　　　pp.207-228
안준모, 이국희, "인터넷 쇼핑환경에서의 고객충성도에 영향을 미치는
　　　요인에 관한 연구: 국내 인터넷 쇼핑몰 산업을 중심으로", 경영
　　　정보학 연구, 제 11권 4호, 2001.12. pp.135-152
오사현, 신봉대, 심규열, "전자상거래에서 가상점포 이미지가 만족, 신뢰
　　　및 애호도에 미치는 영향", 마케팅 과학 연구, 제10집, 2002,
　　　pp.165-185
유동근, 서영호, 조임현, "전자상거래의 비용우의 효과에 과한 소비자
　　　지각: 인터넷 쇼핑몰 이용자를 중심으로", 한국경영과학지, 제24
　　　권 제4호, 1999년 12월, pp.49-62

유일, 최혁라, "B2C 전자상거래에서 고객 신회의 영향요인과 구매의도에 대한 신뢰의 매개 역할", 경영정보학연구, 제13권 제4호, 2003년 13월, pp.49-72

윤남수, 유동근, 이용기, "인터넷 쇼핑몰에서의 고객만족 및 신뢰와 고객 충성도 간의관계에 대한 전환이득의 조절역할", 한국경영과학회지, 제28권, 제4호, 2003, pp.85-104

윤성준, "웹쇼핑 몰 사이트 신뢰도의 결정요인과 구매의향에 미치는 영향에 관한 시뮬레이션 접근방법", 경영학 연구, 제29권, 제3호, 2000년 8월 pp.353-376

윤성준, 김주호, 백미영, "웹사이트 신뢰도, 만족도, 친숙도가 구매의향에 미치는 상호조절 역할에 관한 연구", 한국마케팅저널, 제5권, 제3호, 2003, pp.106-131

이두희, 윤희숙, "인터넷 사용자의 세분화에 따른 인터넷 사용행동과 전자상거래 행동에 관한 연구", 경영학 연구, 제30권 제4호, 2001년 11월, pp.1169-1201

이문성, 최이규, "인터넷 쇼핑몰의 친숙도와 신뢰도가 온라인 상거래에 미치는 영향", 경영연구, 제18권, 제3호, 2003, pp.93-124

이민우, "서비스 제공자의 고객지향성과 구매의도의 관계에 있어서 만족, 신뢰, 몰입의 역할", 산업경제연구, 제16권, 제2호, 2003, pp.91-

이용균, 이규용, "인터넷 쇼핑몰의 지각된 특성이 소비자신뢰에 미치는 영향", 산업경제연구, 제 16권, 제3호, 2003, pp.127-

이상헌, "인터넷 쇼핑몰에 대한 소비자 선호요인에 관한 연구", 대전대학교 일반대학원, 2000

이연주, "전자상거래에 대한 소비자 태도 및 미용 정도에 관한 연구", 계명대학교 교육대학원, 2000

유창조, "쇼핑행위의 경험적 측면: 쇼핑 시 느끼는 기분이나 감정이 매장 태도와 구매의사에 미치는 영향에 관한 연구", 한국소비자학회, 소비자학 연구, 1996, 7(1), 51-73

이유재, "고객만족 연구에 관한 종합적 고찰", 소비자학 연구,

2000,11(2)

이학식, 김영, 정주훈, "실용적 / 쾌락적 쇼핑가치와 쇼핑만족: 구조 모델의 개발과 검정", 경영학연구, 1999, 28(2)

임종원, 박명수, 박형진, "마케팅 조사 방법론", 2001

임채운, 편해수, "소매점의 서비스 유형이 소비자의 쇼핑가치 지각과 쇼핑 만족에 미치는 영향", 소비자학 연구, 2000, 11(3)

이은경, "의류 쇼핑성향에 따른 점포 내 환경에 대한 인지적, 감정적, 행동적 반응", 한양대학교 대학원 석사학위 논문, 2000

임종원, 김재일, 홍성태, 이유재, "소비자 행동론 - 이해와 마케팅의 전략적 활용 -", 1999, 경문사

오현정, "의복품질의 개념구조와 평가경로", 서울대학교 대학원 박사학위 논문, 1997

이선영, "브랜드 개성과 자아 이미지의 일치성이 브랜드 태도에 미치는 영향에 관한 연구", 숙명여자대학교 대학원 석사학위논문, 2002

이희승, 임숙자, "가격과 상표가 의복의 평가에 미치는 영향 - 경제위기 상황 전후의 비교 -", 한국의류학회지, 2001, 18(3), 355-367.

임숙자, 김선희, "의류 유통업태의 점포 이미지와 의복 만족도에 관한 연구", 한국의류학회지, 1998, 23(2), 185-195

조광행, 임채운, "고객만족 및 전환장벽이 점포 애호도에 미치는 효과에 관한 연구". 마케팅 연구 제 14권 1호, 1999, pp.52.

전달영, 경종수, "인터넷 쇼핑몰에서 쇼핑가치와 쇼핑몰 애호도의 결정요인: 엔터테인먼트 상품을 중심으로", 경영학연구, 제31권, 제6호, 2002년 12월, pp.1671-1705

전종근, 홍성태, "인터넷 쇼핑에서 구매이후의 평가속성이 재구매 의도에 미치는 영향", 경영학연구, 제31권, 제7호, 2003년 1월, pp.1765-1786

정기억, "인터넷 쇼핑몰에 대한 소비자 신뢰성과 구매의도의 관련성에 관한 탐색적 연구", 경영연구, 제 17권, 제3호, 2002년, pp.1-24

장영일, 홍준성, 유성진, "인터넷 쇼핑몰의 머천다이징만족 결정요인에 관한 연구", 마케팅 과학연구, 2000, Vol.6, pp.281-296

전유정, "시장특성에 따른 인터넷 쇼핑몰 활성화 방안: 소비자 특성을
　　중심으로", 경희대학교 대학원, 2001
전영민, "전자상거래사의소비자 구매 의사결정에 대한 실증적 연구", 한
　　양대학교 대학원, 1999
정진환, "인터넷 쇼핑에서 구매행위에 영향을 미치는 요인에 관한 연구:
　　기술수용모형(TAM)을 중심으로', 연세대학교 대학원, 2000
조현철, 심규열, "전자상거래시 고객만족 결정요인에 관한 연구", 마케
　　팅 과학연구, 2001, Vol.7, pp.261-282.
진병호, 고애란, "소비후의감정과 성과지각에 대한 기대감정과 소비과정
　　행동의 효과", 한국마케팅저널, 1999, 3(4)
진병호, "의복 구매시 소비자가 지각하는 가격(제1보)-의복가격 차원의
　　타당성 검증", 한국의류학회지, 1998, 22(3), 417-427
최영은, "의류점포유형에 따른 점포서비스 품질과 만족이 의복충동구매
　　행동에 미치는 영향", 동아대학교 대학원 석사학위논문, 2002
최재환, "패션마케팅", 지식창고, 2003
한경일, 손원일, "전자상거래의소비자 구매행위에 영향을 미치는 요인에
　　관한 실증연구", 마케팅과학연구, 제7집, 2001년, pp.321-337
한상린, 박천교, "인터넷 환경에서의 소비자 구매의도 분석", 경영논집, 제14
　　권, 1998년12월, pp.151-168
홍병숙, 오현주, "인터넷 쇼핑의 혁신성과 위험지각에 따른 의류상품 구
　　매행동", 생활과학논집, 2001, Vol.14, No.1
한국전산원, "EC 환경 하에서의 소비자 행태 분석에 관한 연구", 1998,
　　pp.11-13
한규석, "사회심리학의 이해", 학지사, 1995
한지숙, "인터넷 패션쇼핑몰에서 브랜드 인지도가 구매태도에 미치는
　　영향에 관한 연구", 홍익대학교 대학원 석사학위논문, 2000
현지은, "가격할인 광고의 의류제품 품질 평가에 관한 연구-준거가격,
　　가격할인 목적 및 가격-품질 연상 소비자 특성의 영향-", 제주
　　대학교 대학원 석사학위논문, 2000

Daniel S. Janal 저, 양유석 역, "인터넷 비즈니스 마케팅". 더난 출판사, 2000, p.168.

e-비즈니스, 아더앤더슨, 이미지북, 2000

e-비즈니스 원룹, 김성희 / 장정진, 무영경영사, 2001

2. 국외문헌

Abraham, M. L. and Littrel, M. A., "Consumer's Conceptua-lization of Apparel Attributes", Clothing and Textile Research Journal, 1995, 13(2), 65-74

Aaker, D.A. & Joachimsthaler, E., Brand Leadership: Building Assets in the Information Society, New York: The Free Press, 2000

Assael, H., "Consumer Behavior and Marketing Action", 2nd. ed., Boston: Kent Publishing Company, 1984

Alba, J., Lynch J., Weitz, B., Janiszewski, C., Luta, R., Saywer, A. and Wood, S., "interactive home shopping: Consumer Retailer, and Manufacturer Incentive tp Participate in Electronic Marketplace", Journal of Marketing, 1997, Vol.61 (July), pp.38-53

Adams Dennis A., R, Ryan Nelson, Peter A. Todd, "Perceived Usefuleness, Perceived Ease of Use and User Acceptance of Information Technology: A Replication". MIS Quarterly, June 1992, pp.227-247

A. Kerin, Roger and Abuj Jain, "Store Shopping Experience and Consumer Purchase Behavior Model: An Explatory Study", Journal of Marketing Research, 6(November), 1992, 465-469

Agarwal Ritu, Jayesh Prasad, "The Antecedents and consequences of user preconceptions in Information Technology Adoption". Decision Support Systems, 22 1998, pp.15-29

Agarwal Ritu, Viswanath Venkatesh, "Assessing a Firm's Web Presence:

A Heuristic Evaluation Procedure for the Measurement of Usability", Information Systems Research Vol.13, No.2, June 2002, pp.168-186

Bhattacherjee Anol, "An Empirical Analysis of the Antecedents of Electronic Commerce Service Continuance", Decision Support System, 2001, Vol.32, pp.201-214

Baugh, D. F. and David, L. L., "The Effect of Store Image on Consu-merss Perception of Desingner and Private Label Clothing", Clothing and Textile Research Journal, 1989,13(2), 65-74

Balbin, B. J., Darden, W. R. and Griffin, M., "Work and / or Fun: Measuring Hedonic and Utilitarian Shopping Values", Journal of Consumer Research, 1994, 20(4), 644-656

Bellenger, D., & Korgaonkar, P. K., "Profiling the Recreational Shopper", Journal of Retailing, 1980, 56(3), 77-92

Benjamin, R. and R. Wigand, "Electronic-Markets and Virtual Value Chain On The Information Superhighway," Sloan Management Review, 1995, Winter, pp.62-71

Bloch. M. Y. Pigneur ans A. Segev, "On the Road Electronic Commerce: A Business Value Framework, Gaining Competive Advantage and some Research Issues", 1996

Cadott, E. R., Woodruff, R. B. and Jenkins, R. L., "Expectation and Norms in Models of Consumer Satisfaction", Journal of Marketing Research, 24, 1983, 305-314

Churchill. G. A. and Surprenant, C., An Investigation into the Determinants of Consumer Satisfaction.", Journal of Marketing Research, 14, 1982, 491-504

Corbitt Brian J., Theerasak Thanasankit, Han Yi, "Trust and e-commerce a study of Consumer Perceptions". Electronic Commerce Research and Applications, vol.2, 2003, pp.203-215

Cobb, W., Cathy, J., Cynthia, A. R. and Donthu N., "Brand Equity, Brand Preference and Purchase Intention", Journal of Adertising, 24(Fall), 1995, 25-41

Czinkota, M. R. and Ronkainen, I. A., International Marketing, New York: The Dryden Press, 1998

C. Rangnathan, Shobba Ganapathy, "Key Dimension of Business-to-consumer Web Sites". Information & Management 39 2002, pp.457-465

Cheung Christy M.K. & Mattew K.O. Lee, "Trust in Internet Shopping: Instrument Development and Validation Through Classical and Modern Approaches". Journal of Grobal Information Management, July-Sept, 2001, vol.9, No.3, pp.23-35

Castelfranchi Cristiano & Yao-Hua Tan, "The Role of Trust and Deception in Virtual Societies". International Journal of Electronic Commerce, Spr, 2002, vol.6, No.3, pp.55-70

Cardozo, Richard N, "An Experimental Study of Consumer Effort, Expectation and Satisfaction", Journal of Marketing Research, 2(August), 1965, 244-249

Dawson, S., Bloch, P. H. & Ridgway, N. M., "Shopping Motives, Emotional Psychology Approach", Journal of Retailing, 58(1), 1990, 34-57

D. Harrison McKnight & Norman L. Chervany, "What Trust Means in E-commerce Customer Relationships An Interdisciplinary Conceptual Typology". International Journal of Electronic Commerce, Win. 2001-2002, vol.6 No.2, pp.35-59

D. Sandy Staples, Ian Wong, Peter b. Seddon. "Having Expectations of Information Systems Benefits that Match Received Benefits: does it really matter?". Information & Management 40 2002, pp.115-131

D. Harrision McKnight, Vivek Choudhury, Charles Kacmar, "The Impact of Initial Consumer Trust on Interntions to Transact with a Web

Site: a trust building model:, Journal of Strategic Information
System Vol.11 2002, pp.297-323

Dr. Kathryn M. Kimery, Dr. Mary McCord, "Third-Party Assurances
The Road to Trust in Online Reatailing", Proceeding of the 35th
Hawai International Conference on System Sciences, 2002

Donthu, Naveen and Adriana Garcia, "The Internet Shopper", Journal of
Advertising Research', May, June(1999), pp.52-58

Donhue, Naveen and David Gilliland, "The Information Shopper",
Journal of Advertising Research, Vol.36, 1996, No.2, pp.29-39

Davis Fred D., "Perceived Usefulness, Perceived Ease of Use and User
Acceptance of Information Technology"., MIS Quarterly, Sep,
1989, pp.318-340

Engel J, E., Blackwell, R. D. & Miniard, P. W., "Consumer Behavior",
8th ed., IL., Dryden Press, 1995

Frame Engene H., Dale B. GRady, "Internet Buyers Will The Surfers Become
Buyers?", Direct Marketing, 1995.10

Friedman Batya, Peter H. Kahn, JR, and Daniel C. Howe, "Trust online".
Communications of the ACM. dec, 2000, vol.43 No,12, pp.34-40

Forsythe, S. M., "Effect of Private, Designer and Nationak Brand Names on
Shoppers' Perception of Apparel Quality and Price",Clothing and
Textile Research Journal, 9(win), 1991, 1-6

Fournier, S., Consumer and Their Brands: "Developing Relationship Theory in
Consumer Research, 24, 1998, 343-373.

Foxall, G. R. and Goldsmith, R. E., "COnsumer Psychology for
Marketing", London: Loutledge, 1994

Forsythe Sandra M., Bo Shi, "Consumer Patronage and Risk Perception
in Internet Shopping", Journal of Business Research, Vol.56,
2003, pp.867-875

Gefen David, Elena Karaphanna, Detmar W. Straub. "Trust and TAM In

Online Shopping An Intergrated Model:, MIS Quarterly, vol.27 No.1, MAr, 2003, pp.51-90

Grupe Fritz H., William Kuechler, Scott Sweeney, "Dealing with data privacy protection: An issue for the 21st century", Information Systems Management 2002 Vol.19, No.4, pp.61-70

Gerad, Silverblatt, Korgaonkar, "Influence of Product Class on Preference for Shopping in the Internet", Journal of Compoter-Mediated Communication, 2002, Vol.8, No.1 Availiable: http://wwww.ascusc.org/Jcmc

Gutman, J. & Mills, M.K., Fashion Life Style, self-concept, shopping orientation and store patronage: and intergrative analysis", Journal of Retailing, 58(2), 1982, 64-86

Grazioli Stefano & Sirkka L. Jarvenpaa, "Perils of Internet Fraud: An Empirical Investigation of Deception ans Trust with Experienced Internet Consumers". IEEE Transaction on Systems, Mam and Cybernetics-Part A: System and Humans, Vol.30, No.4, July 2000, pp.395-410

Ghosh Shikhar, "Making Business Sense of the Internet", Harvard Business Review, July-August 1998

Hoffman Donnan L., Tomas P. Novak & Marcos Peralta, "Building Consumer Trust in Online Environments The Case for Information Privacy". Communications of the ACM, vol.42, No.4, Apr. 1999, pp.90-85

Hewett Kelly & William O. Bearden, "Dependence, Trust, and Relational Behavior on the Part of Foreign Subsidiary Marketing Operations Implication for Managing Global Marketing Operations", Journal of Marketing, vol.65, Oct. 2001, pp.51-66

Haward, Johm A. and J.N. Sheth, "The Theory of Buyer Behavior", New york: John Wiley and Stons, Inc, 1969

Havelena, W, J., & Holbrook M. B., "The Varienties of Consumption

Experience: Comparing Two Typologies of Emotion in Consumer Behavior", Journal of Consumer Research 20(September), 1986, 245-256

H. B. Peter, "Involvement Beyond the Purchase Process: Conceptual Issues and Empirical Investigation," Advances in Consumer Research, 1981, pp.73-83

Hoffman, L. Donna and Thomas, P. Novak, "A New Marketing Paradi-gm for Electronic Commerce," The Information Society, 1996

Hoffman, L. Donna and P. Novak, "Marketing in Hypermedia Computer-Mediated Environment: Conceptual Foundations." Journal of Marketing, Vol.60(July), 1996, pp.50-68
http://www.ascuse.org/jcmc/vol5/issue2/hairong. html

Hoffman, D.L., Nonak, T.P. and Peralta, M.A., "Information Privacy in the Marketspace: Implications for the Commercial Uses of Anonymity on the Web", Information Society, 15, 2 1999, pp.12-139

Hunt, H. Keith(1997), "CS / D-Overview and Future Research Direction", In Conceptulation and Measurement of Consumer Satisfaction and Dissatisfaction. H. Keith Hunt. Ed., Cambridge, MA: Marketing Science Institute.

Hines, J. D. and O'Neal, G. S., "Underlying Determinants of Clothing Quality: The Consumers Perspective. Clothing and Textiles Research Journal, 13(1), 1995, 227-233

Hirschman, E. C., "A Descriptive Theory of Retail Market Structure", Journal of Retailing, 54(4), 1978, 29-48

J. A. Howard, and J. N. Sheth, "The Theory of Buyer Behavior." New York: John Wiley & Sons. Inc, 1969

J. Brock Smith & Donald W. Barclay, "The Effects of Organizational Differences and Trust on the Effectiveness of Selling Partner

Relationships", Journak of Marketing, Vol.61, Jan, 1997, pp.3-21

J. Baker, Levy, M. & Grewal D., "An Experimental Approach to Marketing Retail Store Environmental Decisions", Journal of Retailing, 1992, 68(4), 445-460

Jarvenpaa, S. L. and P. A. Todd, "Consumer Reactions to Electronic Shopping on the World Wide Web", International Journal of Electronic Commerce, Vol.1, 1997, No.2

Jarvenpaa, S. L. and N. Tractinsky, "Consumer Trust in an Internet Store", Information Technology and Management, Vol.1, 2000, No.1-2:45-1

Jacoby, J. and Olson, J. J., Perceived Quality, Lexington, MA: D. C. Heath., 1985

Jones Sara, Mare-Wilikens, Philip Morris and Marcelo Masera, "Trust Requirements in E-Business", Communication of the ACM, Dec. 2000, Vol.43, No.12, pp.81-87

Jeong Seung Ryul, Joa Sang Lim & Heui Chae JIn. "A Study of the Effectiveness of Electronic Commerce Sites", International Journal of New Product Development & innovation Management, March / April 2000, Vol.2, No.1, pp.35-43

Jarvenpaa Sirkka L. & Peter Todd, "Consumer Reaction to Electronic Shopping on the World Wide Web", International Journal of Electronic Commerce, 1996-97, Vol.1, No.2

Kuo Hairong Li. Cheng, Martha G.Russell, "The Impact of Perceived Channel Utilities, Shopping Orientations, and Demographics on the Customer's Online Buying Behavior", Journal of Comuter-Mediated Communication, 5(2) December 1999, [Online] Available:

Koufaris Marison, "Applying the Technology Acceptance Model and Flow Theory to Onlone Consumer Behavior", Information System Research Vol.13, No.2, June 2002, pp.205-223

Koufaris Marioson, Ajit Kambil, and Priscilla Ann Labarbera, "Consumer Behavior in Web-Based Commerce: An Empirical Study", International Journal of Electronic Commerce Winter 2001-2002, Vol.6, No.2, pp.115-13856(2003), pp.711-719

K. O. Lee Mattew and Efraim Turban, "A Trust Model for Cosumer Internaet Shopping". International Journal of Electronic Commerce, Fall, 2001, Vol.6, No.1, pp.75-91

K. O. Lee Namjae and Hye-Ran Kim, "Development of Electronic Commerce Satisfaction Index(ECCSI) for Internet Shopping Mall", Informs & Korms, Seoul 2000

Kim, Cho and Rao, "Effects od Consumer Lifestyles on Purchasing Behavior on the Internet: A Conceptual Framework and Empirical Validation", 1999

Lohse Gerald L., Steven Bellman and Eric J. Johnson, "Consumer Buy-ing Behavior on the Internet: Findings From Panel Data", Journal of interactive Marketing, Vol.14, No.1, 2000, pp.15-29

Liu Chang, Kirk P.Arnett, "Exploring the Factors Associated with Web Site Success in the Context of Electronic Commerce", Information & Management, 2001, vol.38, pp.23-33

Levy, M. and Barton, A. W., Retailing Management, Boston: Irwin Inc, 1992

Lichtenstein, D. R., Ridgway, N. M. and Netemeyer, R. G., "Price Perceptions and Consumer Shopping Behavior: A Field Study", Journal of Marketing Research, 30(2), 1993 234-245

Lindquist, J. D., Meaning of Image, Journal of Retailing, 50(win), 1975, 29-37

L Javenpass. S. & Peter A. Todd, "Consumer Reaction to Electronic Shopping on the WWW", International Journal of Electronic Commerce, Vol.1(2), 1997

Lowengart Oded and Noam Tractinsky, "Differential Effects of Product Category on Shoppers" Selection of Web-based Stores: A Probabilistic Modeling Approach", Journal of Electronic Commerce Research, Vol.2, 2001, No.4

M. Katz. & C. Shapiro, "Network Externalities, Competition, and Compatibility". American Economic Review. Vol.75(3), 1985, pp.424-440

McKinney Vici, Kanghyum Yoon, Fatemeh 'Mariam' Zahedi, "The Measurenmet of Web-Customer Satisfaction: An Expectation and Disconfirmation Approach", Information System Research, Vol.13, No.3, Sep, 2002, pp.296-315

Moo Ji-Won, Young-Gul Kim, "Extending the TAM for a World-Wide-Web Context", Information & Management, 2001, Vol.38, pp.217-230

Morfanosky, M. A., "Store and Brand Type Influences on the Perception of Apparel Quality: A Congruity Theory Approach", Clothing and Textiles Research Journal, 9(1), 1990, 45-49

Morgan Robert M. & Shelby D. Hunt, "The Commitment-Trust Theory of Relationship Marketing", Journal of Marketing, Vol.58, July. 1997, pp.20-38

Nordberg Markus, Alexandra Cambell, Alain Verbeke, "Using Cstomer Relationship to Acquire Technological Innovation A Value-Chain Analysis of Supplier Contracts with Scientific Research Institution s", Journal of Business Research

Norum, P. S., "A Comparison of Apparel Garment Prices by National, Retail and Private Labels", Clothing and Textiles Research Journal, 21(3), 2003, 142-148

NIST ii T A Task Group, "Electronic Commerce and the N ii: Draft for Public Comment, 1994

Odekerken-Schroder Gaby, Kristof De Wulf, Patrick Schumacher, "Strengthening outcomes of relation consumer relationships the dual impact of relationship marketing tratics and consumer personality", Journal of Business Research 56(2003), pp.177-190

Olshavsky, Richard W. and A. Miller, "Consumer Expectation, Product Performance, and Perceived Product Quality", Journal of Marketing Research, 9(February), 1972, pp.19-21

Olson J. C. and Jacoby, J., "Cue Utilization in the Quality Perception Process, Proceeding of the Third Annual Conference of The Association for Cosumer Research, 1972, 167-179

O'curry Suzanne, Michal Strahilevitz, "Probability and Mode of Acquisition Effects on Choices Between Hedonic and Utilitarian Options", Marketing Letters 12:1, 2001, pp.37-49

Pavlou Paul A., "Consumer Acceptance of Electronic Commerce: Integrating Trust and Risk with the Technology Acceptance Model", International Journal of Electronic Commerce, Vol.7, No.3, Spr. 2003, pp.101-134

Plumer, J. T., "How Personality Makes a Difference", Journal of Advertising Research, 24(6), 1975, pp.27-31

Rao. A. R. and Sieben, W. A., "The Effect of Price Knowledge on Price Acceptability and the Type of Information, 1992 Examined", Journal of Consumer Research, 19(Sep.), 256-270

Rao. A. R. and Monroe, K. B., "The Effect of Price, Brand Name and Store Name on Buyer' Perceptions of Product Quality: An Interactive Review", Journal of Marketing Research, 26(Aug.), 1989, 351-357

Rong Chen & Feng He, "Examination of Brand Knowledge, Perceived Risk and Consumer's Intention to Adopt an Online Retailer:, TQM & Business Exxellence, Vol.14, No.6, Agu. 2003, pp.667-693

Russell J. & Pratt G., "A Description of Affective Quality Attributed to Environments", Journal of Personality and Social Psychology, 38, 1980, pp.311-322

Snyder Sandra C. Henderson-Charles A., "Personal Information Privacy: Implication for MIS Managers", Information & Management, 36 1999, pp.213-220

Sullivan Joseph R. and Kent A. Walstrom, "Consumer Perspectives on Service Quality of Electronic Commerce Web Sites", Journal of Advertising Research, Jan / Feb(2002), pp.23-38

Sarkar, M. B., Butler, and C. Steinfield: Intermediaries and Cybermediaries: A Continuing Role for Mediating Player in the Electronic Marketplace." Journal of Computer Mediated Communication. 1(3), 1995

Swan, Jon E., Frederrick Trawick, and Maxwell G. Carroll, "Satisfaction Related to Predictive, Desired Expection: A Field Study", in New Findings on Consumer Satisfaction and Complaining. H. Keith Hunt and Ralph L. Day, ed., Bloomington, IN: Indiana University Press, 1982, pp.15-22

Shim, S. and Kotsiopulos, A., Patronage Behavior of Apparel Shopping 1. Clothing and Textile Research Journal, 10(2),. 1992, 48-56

Sterm, L. W., Adel, I. E. and James, R. B., Management in marketing Channels, Englewood Chiffs: Printice Hall, Inc., 1996

Swan, J. E., "Consumer Satisfaction on Related to Disconfirmation of Expectation and Product Performance", Journal of Consumer Satisfaction, Dissatisfaction and Campaign behavior, 1, 1988, 40-47

Schmid Beat F., "Requirements for Electronic markets Architectures," International Journal of Electronic Markets,, 1997, (1), pp.3-6

Shankar Venkatesh, Glen L. Urban, Fareena Sultan, "Online Trust: A Stakeholder perspective, concepts, implication and future directions", Journal of Strategic Information System Vol.11, 2002, pp.325-344

Torkzadeh Gholamreza and Gurpreet Dhillom. "Measuring Factors that Influence the Success of Internet Commerce", Information System Research, 2002, Vol.13, No.2

Tan Yao-Hua and Walter Thoen, "Toward a Generic Model of Trust for Electronic Commerce, Vol.5, No.2, 2001, pp.61-74

Thmpson S.H. Teo, You Ding Yeong, "Assessing the Consumer Decision Process in the Disital Marketplace", The International Journal of Management Science, Vol.31, 2003, pp.349-363

Tan Yao-Hia & Walter Thoen. "Toward a Generic Model of trust for Electronic Commerce", International Journal of Electronic Commerce, Win. 2000-20001, Vol.2, No.2, pp.61-74

Vellido Alfredo, Paulo J.G.Lisboa, Karon Meehan, "Quantitive Characterization and Prediction of On-Line Purchasing Behavior: A Latent Variable Approach", International Journal of Electronic Commerxe, Summer 2000 vol.4, No.4 pp.81-104

Voss Kevin E., Eric R. Spangenberg, and Bianca Grohmann, "Measuring the Hedonic and Utilitarian Dimensions of Consumer Attitude", Journal of Marketing Research, Vol.XL(August), 2003, 310-320

Wang Huaiging, Mattheewk O. Lee & Chen Wang, "Consumer Privacy Concerns about Internet Marketing", Communication of the ACM, Vol.21, No.3, Mark, 1998, pp.63-70

Wakefield K.L. & Baker J., "Exciting at the Mall: Determinants and Effects on Shopping Response", Journal of Retailing, 74(4), 1998, pp.515-539

Wilkie, W. L., Consumer Behavior, 2nd ed., New York: John Wiely &

Sons, 1990

Xiao Liu, Kwok Kee Wei, "An Empirical Study of Product Differences in Consumers', E-commerce Adoption Behavior", Electronic Commerce Research and Applications, Vol.2, 2003, pp.229-239

Yannis Bankos, "The Emerging Role of Electronic Marketplace on the Internet", Communication of the ACM, Vol.41, No.8, Aug, 1998, pp.35-42

Y. N. Li, K. C. Tan, and M. Xie, "Measuring Web-Based Service Quality", Total Quality Management, Vol.13, No.5, 2002, pp.685-700

Yi, Youjae, "A Critical Review of Consumer Satisfaction", In Review of Marketing, Valarie A. Zeithaml, ed., Chicago, IL: American Marketing Association, 1990, 68-123

Yoo C., Park J., & MacInnis D.J., "The Effects of Store Characteristics and In-store Emotional Experience on Store Attitudes", Journal of Business Research, 16, 1996, 124-135

Yoo. B. H., Donthu, N. and Lee, S. H., "An Examination of Selected Marketing Mix Element and Brand Equity", Journal of Academy of Marketing Science, 28(2), 2000, 195-211

Yoon Sung-Joon, "The Antecedents and Consequences of Trust in Online Purchase Decision", Journal of Interactive Marketing, Vol.16, No.2, 2002, pp.47-63

Zeithaml, Valarie A., "Consumer Perceptions of Price, Quality, and Value: A Means-End Model and Synthesis of Evidence", Journal of Marketing, 52(July), 1998, 2-22

Zeithaml, Varie A., A. Parasuraman, and L.L.Berry(1985), "A Conceptual Model of Service Quality and Its Implication for Future Research", Journal of Marketing, Fall, 41-50

3. 참고 웹 사이트

대한상공회의소 http://www.korcham.net/kcncomon
아이비즈넷 htt//i-biznet.com
인터넷 리서치 조사기관 아이러브인포 http://www.iloveinfo.co.kr
인터넷 통계정보시스템 이즈이즈(ISIS) http//isis.nic.or.kr
통계청 홈페이지: http//www.nso.go.kr
한국 교육학술 정보원 (KERIS) http://riss4u.or.kr
한국 인터넷 정보센터 http//www.krnic.net
한국 인터넷 정보센터 / 인터넷 통계정보 시스템 http://www.nic.or.kr
eMarketer eStat News http//www.emarketer.com
Forrester Research Inc http://www.forrester.com
KNP(Korea Netizen Profile) http://advertisinf.co.kr
TNS(Taylor Nelson Sofres) http://kr.tnsofres.com

ABSTRACT

Determinants of Shopping Value and Consumer Satisfaction in Internet Shopping-mall: In case of Fashion Products

This thesis is about the consumer satisfaction of Internet shopping mall regarding the on fashion products. The study intends to supplement the limitations of the previous studies in the following respects.

For Internet marketing to be effective, it is important to identity cyber-market segmentation, the profile of that segmentation, and the characteristics of cyber-consumers. Internet marketing strategy means that companies concentrate their resources on the on-line consumers. Thus marketers should specify characteristics of on-line consumers to succeed in Internet marketing strategy. The purpose of this study is to find out the important factors and efficient strategies concerning Internet marketing. This study tries to examine satisfaction of the on-line consumers on Internet shopping mall via fashion products.

The data were obtained from 350 respondents and a usable sample of 205 were analyzed using SPSS WIN12.0.

The empirical result were summarized as follows.

First, Tree factor(Internet shopping mall Characteristics, fashion products, Cyber-consumers Characteristics) significantly affect consumer satisfaction.

Second, as a result of regression on Internet shopping mall characteristics variables, the higher the shopping mall scale, reputation, security, service technique, design and contents, the higher the consumer's utilitarian shopping values.

Third, as a result of regression on personal characteristics variables, the higher the consumer's convenience-oriented, economic-oriented, and rational-oriented Characteristics, the higher the consumer's utilitarian shopping values. but, the higher the consumer's recreation-oriented needs, the higher the consumer's hedonic shopping value.

Fourth, the higher the fashion product characteristics(product attribute and price attribute), the higher the consumers satisfaction.

Fifth, the greater the consumer's shopping values, the higher the consumer's satisfaction.

In other worlds, consumer's utilitarian shopping value and hedonic shopping value are positively related to the consumer's satisfaction. This study has several limitations. These limitations should be taken into consideration in future research.

Internet marketing has huge potential as a new trading marketplace and is expected to expand rapidly. However, despite the development of Internet shopping mall, the study of cyber-consumer behavior has not been fully studied.

This study contributes to providing theoretical foundation for cyber-consumer behavior on Internet shopping mall. And this study also suggests important marketing strategies for Internet shopping mall marketers.

Finally, in the future study, cyber-consumer behavior should be generalized based upon cyber-consumer's satisfaction on Internet shopping mall.

나윤규(羅允珪) ···

중앙대학교 경영학과 석사(마케팅)
중앙대학교 의류학과 박사과정(패션마케팅)

·주요 논저·
「패션상품과 인터넷 유통」
「철도의 역사와 철도유통의 현황」
외 다수

서현석(徐賢錫) ···

서울대학교 산업공학과
University of Wisconsin-Madison 석사, 박사학위
LG CNS 경영컨설턴트
LG ERIIT(Entrue Research Institute of Information Technology) 연구소장
현) 중앙대학교 경영학과 마케팅 교수

인터넷 쇼핑몰 만족도

• 초판 인쇄   2007년 6월 1일
• 초판 발행   2007년 6월 1일

• 지 은 이   나윤규·서현석
• 펴 낸 이   채종준
• 펴 낸 곳   한국학술정보㈜
            경기도 파주시 교하읍 문발리 526-2
            파주출판문화정보산업단지
            전화 031) 908-3181(대표) · 팩스 031) 908-3189
            홈페이지 http://www.kstudy.com
            e-mail(출판사업팀사업부) publish@kstudy.com
• 등   록   제일산-115호(2000. 6. 19)
• 가   격   9,000원

ISBN   978-89-534-6871-9 93560 (Paper Book)
            978-89-534-6872-6 98560 (e-Book)